Isaac Hyuk Daniel

Linhas de transmissão cosidas para dispositivos portáteis

Isaac Hyuk Daniel

Linhas de transmissão cosidas para dispositivos portáteis

Imprint

Any brand names and product names mentioned in this book are subject to trademark, brand or patent protection and are trademarks or registered trademarks of their respective holders. The use of brand names, product names, common names, trade names, product descriptions etc. even without a particular marking in this work is in no way to be construed to mean that such names may be regarded as unrestricted in respect of trademark and brand protection legislation and could thus be used by anyone.

Cover image: www.ingimage.com

This book is a translation from the original published under ISBN 978-620-2-07755-2.

Publisher:
Sciencia Scripts
is a trademark of
Dodo Books Indian Ocean Ltd. and OmniScriptum S.R.L publishing group

120 High Road, East Finchley, London, N2 9ED, United Kingdom
Str. Armeneasca 28/1, office 1, Chisinau MD-2012, Republic of Moldova, Europe
Printed at: see last page
ISBN: 978-620-7-95771-2

dedicado a **Stella, Keren-happuch e Malachi**

ÍNDICE

PREFÁCIO

Com o rápido crescimento e utilização de dispositivos portáteis ao longo da última década, as vantagens da utilização de dispositivos portáteis estão agora a ser utilizadas nas actividades diárias. Estes dispositivos portáteis são concebidos para serem flexíveis, de baixo perfil, leves e facilmente integrados na vida quotidiana. As linhas de transmissão vestíveis são necessárias para transportar sinais RF entre várias peças de equipamento de comunicação vestível e para ligar antenas baseadas em tecido a transmissores e receptores; a linha de transmissão vestível cosida é uma das soluções de hardware desenvolvidas para melhorar a conetividade entre estes dispositivos vestíveis. As técnicas de fabrico de têxteis que empregam a utilização de máquinas de costura juntamente com fios de cobre e materiais têxteis condutores podem ser utilizadas para fabricar a linha de transmissão cosida para vestuário.

Neste livro, é apresentado um esboço da conceção e produção da linha de transmissão cosida vestível utilizando fios de cobre e fios condutores. Também é discutido o desempenho destas linhas de transmissão quando usadas por humanos, lavadas e quando dobradas em diferentes ângulos curvos.

O livro contém quatro capítulos. O primeiro capítulo apresenta uma introdução às linhas de transmissão vestíveis com discussões sobre métodos de implementação de linhas de transmissão vestíveis, fios condutores para transmissão de sinais e métodos de fabrico de fios condutores. O capítulo dois trata da modelação numérica e do fabrico da linha de transmissão cosida vestível, enquanto o capítulo três se ocupa das medições experimentais das linhas de transmissão cosidas vestíveis. Finalmente, o capítulo quatro apresenta as contribuições, as aplicações industriais e o trabalho futuro previsto sobre a linha de transmissão cosida vestível.

A inclusão de aplicações industriais, trabalhos futuros previstos, referências no texto e a listagem dessas referências no final dos três primeiros capítulos tornam este livro único e um companheiro recomendado para industriais, investigadores e estudantes.

RECONHECIMENTO

O autor deseja agradecer o apoio do Tertiary Education Trust Fund (TETFUND), Nigéria, da Kaduna State University (KASU), Nigéria, da Loughborough University, Reino Unido, do pessoal da Wolfson School of Mechanical, Electrical and Manufacturing Engineering Workshop, Loughborough University, Reino Unido, pela sua assistência no fabrico do calcador melhorado, e do Loughborough Materials Characterisation Centre, Loughborough University, Reino Unido, pela utilização das suas instalações.

CAPÍTULO 1

Linhas de transmissão vestíveis

1.1. Preâmbulo

De um modo geral, as ondas podem propagar-se em meios não limitados (não guiados) ou limitados (guiados). Em estruturas não guiadas, a onda propaga-se por todo o espaço e a energia EM a ela associada espalha-se por uma vasta área. No entanto, uma estrutura guiada serve para direcionar a propagação de energia da sua fonte para a carga. Exemplos típicos destas estruturas guiadas são as linhas de transmissão e as guias de onda. As linhas de transmissão são utilizadas para fins como a ligação de transmissores e receptores de rádio com os seus elementos de antena, ligações entre computadores numa rede ou entre uma central hidroelétrica e subestações a algumas centenas de quilómetros de distância, interligações entre sistemas estéreo, ligação entre um fornecedor de serviços por cabo e um aparelho de televisão e ligações entre dispositivos numa placa de circuitos concebida para funcionar a altas frequências [1.1]- [1.2].

Essencialmente, uma linha de transmissão é uma rede de duas portas, sendo cada porta constituída por dois terminais (ver Fig.1), com uma das portas ligada a uma fonte ou gerador e a outra ligada à extremidade recetora, que pode ser qualquer circuito que gere uma tensão de saída, como um transmissor de radar, um amplificador ou um terminal de computador a funcionar em modo de transmissão. Os tipos de linha de transmissão incluem linha paralela (linha em escada, par trançado), cabo coaxial, Stripline e microfita.

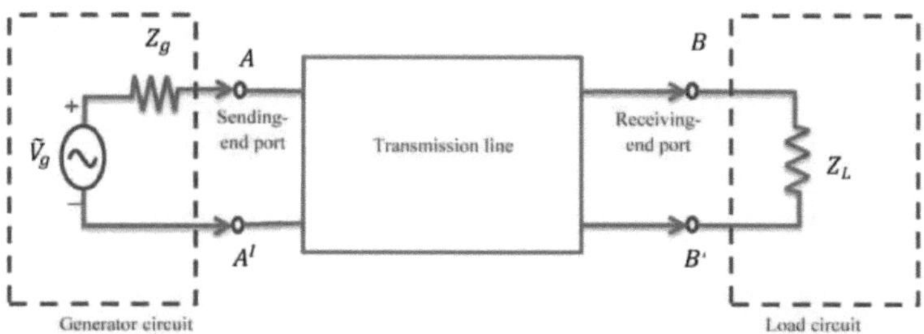

Figura 1.1 Linha de transmissão como uma rede de duas portas [1.3]

As linhas de transmissão vestíveis são linhas de transmissão que fazem parte do vestuário que pode ser usado por seres humanos e animais. Normalmente, estas linhas de transmissão são cosidas ou incorporadas no vestuário. As caraterísticas têxteis das linhas de transmissão vestíveis, como o facto de serem leves, flexíveis, macias, respiráveis, robustas e laváveis, tornam-nas preferíveis às linhas de transmissão convencionais.

As linhas de transmissão vestíveis podem ser linhas de alimentação para circuitos electrónicos ou linhas de sinal que transmitem sinais frequentemente com um comprimento de onda muito superior ao comprimento da linha (sinais de baixa frequência) e linhas de sinal que transmitem sinais com um comprimento de onda comparável ao comprimento da linha de transmissão vestível (sinais de alta frequência). Recordamos também que, a baixas frequências, os fios se caracterizam pela sua resistência, mas, a altas frequências, esses fios não se caracterizam apenas pela sua resistência, mas pelos efeitos de transmissão e de onda. Estes efeitos são influenciados pelas geometrias das linhas e pelo material circundante. Isto significa que, para além do material condutor, também as estruturas geométricas criadas nos processos de fabrico de têxteis devem ser consideradas [1.4]. A caraterização do desempenho da linha de transmissão quando cosida ou incorporada em vestuário e usada por seres humanos é também muito importante na sua conceção.

1.2. Métodos de implementação de linhas de transmissão vestíveis

Há muitas possibilidades de implementar uma linha de transmissão num substrato. Estas incluem:

a. Implementação direta de linhas de transmissão condutoras sob a forma de fios condutores (também isolados) ou fios electrocondutores na fase de produção e fabricados em produtos têxteis planos, tais como tecidos, malhas e não tecidos

b. Sobreimpressão de um meio electrocondutor num têxtil plano

c. Pulverização ou outra forma de deposição de um meio electrocondutor sobre um têxtil plano

d. Incorporação de caminhos electrocondutores através de métodos de costura ou de bordado

[1.5]

As figuras 1.2, 1.3, 1.4 e 1.5 apresentam exemplos.

Trabalhos anteriores sobre a implementação de linhas de transmissão vestíveis, em que um tecido condutor com fios de cobre isolados incorporados para evitar curto-circuitos entre os fios de cobre, foi apresentado para a transmissão de sinais [1,6]. A linha de transmissão é constituída por um fio multifilamento de poliéster e fios de cobre revestidos, tecidos pela Sefar Inc. A distância entre cada fio metálico é de $500\mu m$ em ambas as direcções (urdidura e trama) e o diâmetro do fio de cobre é de $40\mu m$ e $54\mu m$ sem e com um revestimento isolante $de7\mu m$ respetivamente. Isto foi utilizado para integrar estruturas de encaminhamento simples em tecidos, utilizando ferramentas padrão de placas de cablagem impressa (PWB). De forma semelhante, foi apresentada em [1.7] uma caraterização de linhas de transmissão CPW impressas em substratos têxteis não tecidos utilizando tintas condutoras para determinar a sua adequação a aplicações de banda larga. Foi adoptada uma técnica de filme espesso de polímero (PTF) em vez da técnica de têxteis electrónicos tecidos e tricotados, que permite um processo de fabrico simples sem acrescentar complexidades que aumentem o custo de produção.

Além disso, a viabilidade de utilizar bordados digitais e fios condutores para construir linhas de transmissão e, potencialmente, antenas foi investigada em [1.8]. Os fios foram examinados através da avaliação da sua resistência DC em repouso e sob tensão física e do desempenho RF das linhas de transmissão. As medições das linhas de transmissão RF validaram as medições DC, que foram consideradas como uma primeira estimativa razoável do desempenho RF. Foi também sugerido que a condutividade poderia ser melhorada através da costura ao longo do comprimento (paralela) das linhas de transmissão e da utilização de uma maior densidade de costura. De igual modo, em [1.4] e [1.9], Didier et al. e Tunde et al. propuseram uma extensa caraterização de linhas de transmissão têxteis para utilização em aplicações de computação portáteis. Os têxteis propostos são tecidos com fibras de cobre em uma ou duas direcções e com diferentes finuras de fio, concebidos de forma a evitar o contacto entre si. As medições até 6GHz das caraterísticas de frequência extraídas revelaram que as perdas dieléctricas e óhmicas não determinam a perda de inserção. Mas a perda é principalmente influenciada pelo perfil de impedância não uniforme ao longo das linhas até ao meio comprimento de onda e pelo acoplamento a modos parasitas acima deste ponto de frequência.

A utilização da tecnologia de impressão serigráfica para linhas de transmissão com impedâncias controladas em têxteis foi também apresentada em [1.10]. A estrutura da linha de transmissão proposta revelou uma largura de banda de cerca de 4,7 GHz, que se adequa à maioria das aplicações actuais em computadores portáteis, por exemplo, Bluetooth e USB, e uma impedância de linha próxima de 50Ω, o que constitui uma grande vantagem em comparação com uma linha de transmissão têxtil baseada em dois fios. A pasta de prata curada utilizada, com um teor de sólidos de cerca de 75%, sofreu de fragilidade. No entanto, a flexão da linha de transmissão num raio superior a 1 cm não teve qualquer efeito na sua resistência DC. Pelo contrário, a dobragem com raios mais pequenos ou mesmo a dobragem resultaram num aumento da resistência devido a fissuras na pasta de prata. Este efeito foi maior quando foram aplicadas menos passagens de impressão. Em última análise, a condutividade perdeu-se à medida que a pasta se desfez do tecido, uma vez que tais dobras e vincos em posições ligeiramente deslocadas devem ser evitados. Observou-se ainda que 510 passagens de impressão também deram bons resultados em termos de precisão geométrica e desempenho elétrico.

A conceção e caraterização de uma linha de transmissão diferencial extensível foram apresentadas para aplicações vestíveis por Jeon et al. em [1.11], onde uma linha de transmissão em forma de ziguezague concebida para permitir o estiramento, mantendo a fiabilidade mecânica, foi incorporada numa película fina de poliuretano de baixo custo que tem uma excelente capacidade de estiramento e flexibilidade. Enquanto os resultados medidos indicam uma impedância caraterística de modo diferencial de 94Ω no comprimento normal, que aumenta ligeiramente à medida que a linha se alonga devido à deformação da linha, a perda de inserção reduz-se ligeiramente à medida que a linha se alonga. A linha de transmissão pode ser alongada até cerca de 25%, garantindo o desempenho elétrico e a estabilidade mecânica em comparação com o estado normal. De igual modo, em [1.12], foram apresentados filamentos de cobre torcidos pelo processo de cobertura de fios para a transmissão de sinal e potência em têxteis electrónicos, enquanto Zhi et al., em [1.13], relataram uma linha de transmissão blindada formada por tecido de prata, fio condutor, substrato de espuma e cola condutora como linha de transmissão vestível para operações de banda larga. O Stripline compacto e de baixo perfil não apresenta dispersão e tem alta eficiência e baixo coeficiente de reflexão para frequências até 8GHz. Foi também demonstrada a robustez da conceção quando dobrada a 90° e 180° e as tolerâncias para uma vasta gama de variações da secção transversal e desvios dos conectores, tendo sido igualmente demonstrado que o material de substrato de espuma de baixa perda de frequência utilizado pode ser substituído por um feltro de vestuário de baixo custo sem qualquer impacto significativo na eficiência.

Neste texto, é apresentada a ideia de um cabo coaxial entrançado utilizado para implementar uma linha de transmissão cosida para dispositivos portáteis utilizando uma máquina de costura e um calcador melhorado. A linha de transmissão cosida é constituída por um cabo coaxial entrançado RG174 descascado (cuja folha de isolamento exterior e blindagem são removidas do cabo) que é cosido num substrato de ganga com a ajuda do calcador melhorado. Esta ideia apresenta uma linha de transmissão vestível que é fácil de instalar e económica, e com algumas das vantagens que advêm da utilização de um cabo coaxial entrançado RG174, como o facto de ter um fio de sinal central que é constituído por um cobre torcido multifilar, o que o torna bastante flexível e menos volumoso e bom para espaços apertados.

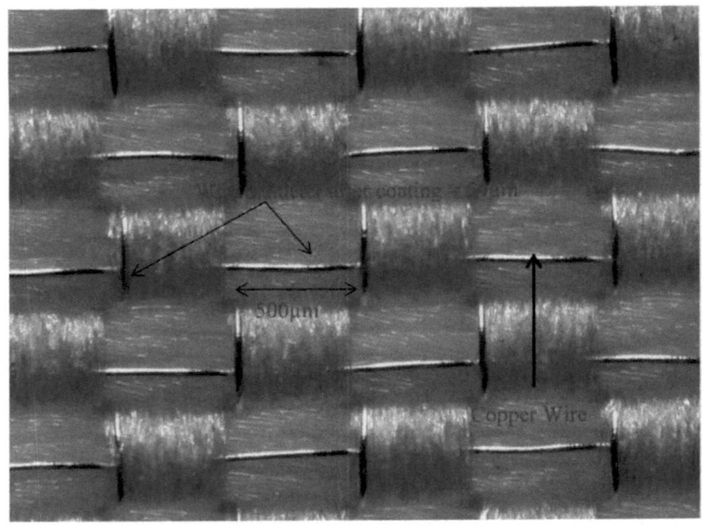

Figura 1.2 Caminhos condutores feitos de fios de cobre num tecido, segundo Locher et al. [1.6]

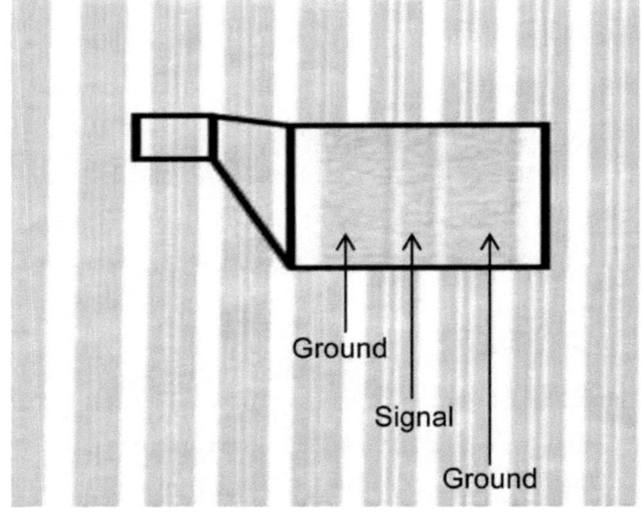

Figura 1.3 Amostra impressa em ecrã de CPWs em Evolon, segundo Merritt et al. [1.7]

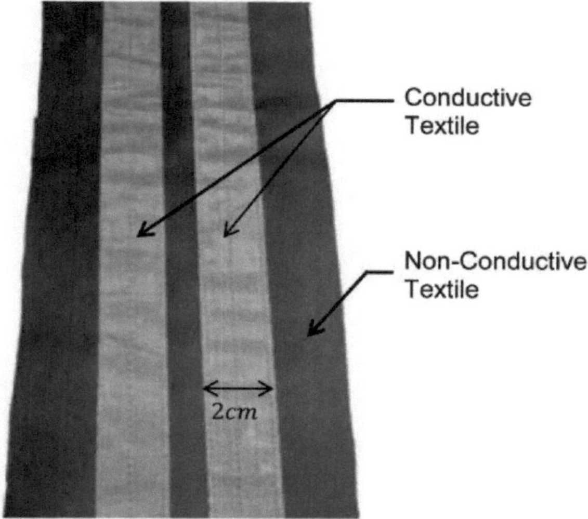

Figura 1.4 Linhas de transmissão têxteis em que os caminhos condutores são feitos de um tecido plano electrocondutor diferente, segundo Chedid et al [1.14]

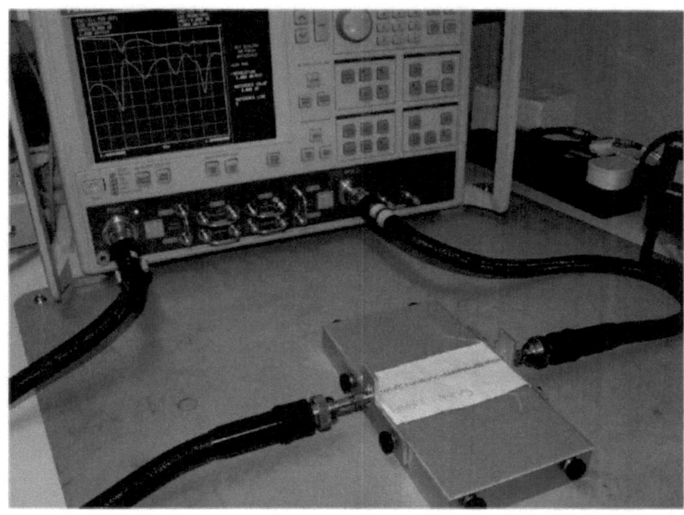

Figura 1.5 Linha de transmissão de fio condutor criada através de bordado digital em gabarito sobre substrato FR4, segundo Acti et al. [1.8]

1.3. Fios condutores para transmissão de sinais

Os fios condutores são materiais têxteis que podem conduzir eletricidade. Geralmente, são constituídos por um tecido não condutor como substrato e uma estrutura metálica ou de carbono como componente condutor. São preferidos aos fios metálicos devido à sua leveza, flexibilidade e capacidade de utilização em vestuário existente, utilizando máquinas de costura ou de bordar. A utilização de fios condutores para a transmissão de sinais permite substituir os fios convencionais e mesmo placas de circuitos inteiros por tecidos têxteis

[1.4]. No entanto, os fios condutores têm uma fraca condutividade em comparação com condutores metálicos como a prata $(\sigma = 6,30 \times 10^7\ Sm^{-1}$ a 20° C) [1.15] que é um melhor condutor em comparação com o cobre $\sigma = 5,96 \times 10^7\ Sm^{-1}$ a 20°C [1.16]. Uma forma de melhorar a condutividade dos fios condutores é aumentar a quantidade de metal no composto de tecido. No entanto, ao fazê-lo, o tecido perde as suas propriedades têxteis típicas, tais como a maleabilidade e a facilidade de manuseamento. A sua fraca condutividade e a sua instabilidade molecular também tornam os fios condutores inadequados para a cablagem [1.17].

1.4. Fabrico de fios condutores

Os métodos de fabrico de fibras condutoras incluem: enchimento de fibras com partículas de carbono ou de metal, revestimento de fibras com polímeros ou metais condutores e utilização de fibras contínuas ou curtas que são completamente feitas de materiais condutores [1.4]; enquanto os fios condutores são feitos de fios simples ou múltiplos de fibras condutoras e não condutoras. Os métodos comuns de fabrico destes fios condutores são o fio monofilamento e o fio multifilamento, como se pode ver na Fig.1.6 (a-e) [1.17].

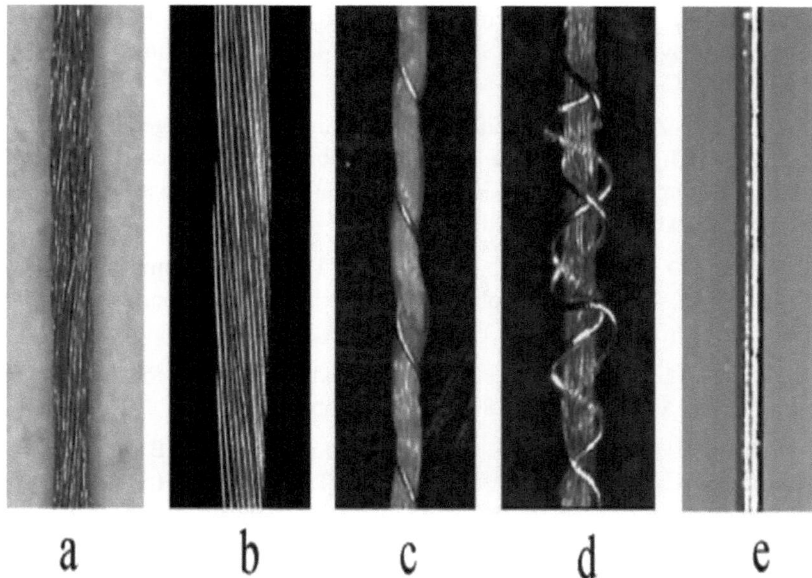

Figura 1.6 (a) Formado pela torção de fibras de nylon prateadas muito finas e elásticas; (b) contém 60 fibras de cobre, cada uma das quais com um diâmetro de 40 ppm; (c) e (d) são fios compostos de fibras isolantes e metálicas, sendo ambos os fios compostos criados através da fiação de fibras de cobre prateadas de 40 ppm em torno de um núcleo não condutor composto por múltiplas fibras não condutoras; (e) é constituído por uma única fibra de cobre prateada com um diâmetro de 40 ppm, segundo Ouyang e Chappell [1.17]

REFERÊNCIA

[1.1] M. N. O. Sadiku, "Elements of Electromagnetics," Sexta Edição, Oxford University Press, 2014.

[1.2] W. H. Hayt Jr. e J. A. Buck, "Engineering Electromagnetics," Sixth Edition, pp. 435, McGraw-Hill, 2001.

[1.3] F. T. Ulaby, E. Michielssen e U. Ravaioli, "Fundamentals of Applied Electromagnetics", 6ª edição, pp. 48, Prentice-Hall, 1994.

[1.4] D. Cottet, J. Grzyb, T. Kirstein e G. Tröster, "Electrical Characterisation of Textile Transmission Lines", IEEE Transaction on Advance Packaging, Vol. 26, N0. 2, pp. 182-190, maio de 2003.

[1.5] J. Lesnikowski, "Textile Transmission Lines in the Modern Textronic Clothes," 89 Fibres & Textiles in Eastern Europe, Vol. 19, No. 6 (89) pp. 89-93, 2011.

[1.6] Locher, T. Kirstein, G. Tröster. "Routing Methods Adapted to eTextiles", ad. do Proc. 37th Int. Symp. Microelectron (IMAPS 2004), novembro de 2004.

[1.7] C. R. Merritt, B. Karaguzel, T. Kang, J. M. Wilson, P. D. Franzon, H.T. Nagle,

B. Pourdeyhimi e E. Grant "Electrical Characterization of Transmission Lines on Specific Nonwoven Textile Substrates," MRS Proceedings, 870, H4.7 doi:10.1557/PROC-870-H4.7, 2005.

[1.8] T. Acti, S. Zhang, A. Chauraya, W. Whittow, R. Seager, T. Dias e Y. Vardaxoglou, "High-Performance Flexible Fabric Electronics for Megahertz Frequency Communications", Conferência de Antenas e Propagação de Loughborough, pp. 1-4, novembro de 2011.

[1.9] T. Kirstein, D. Cottet, J. Grzyb e G. Tröster, "Textiles for Signal Transmission in Wearables", Workshop de Actas sobre Modelação, Análise e Suporte de Middleware para Têxteis Electrónicos MAMSET, San Jose, CA, 6, pp. 9-14, outubro de 2002.

[1.10] Locher e G. Tröster, "Screen-Printed Textile Transmission Lines," Textile Research Journal, Vol. 77(11), pp. 837-842, dezembro de 2007.

[1.11] J. Jeon, S. Kim, J. Koo, S. Hong, Y. Moon, S. Jung e B. Kim, "Electrical Characterisation of Differential Stretchable Transmission Line", Microwave Symposium Digest (MTT), 2011 IEEE MTT-S International, vol., n.º, pp.1,1, 5-10 de junho de 2011.

[1.12] M. Choi e J. Kim, "Caraterísticas eléctricas e caraterísticas de transmissão de sinais de fios de estrutura híbrida para dispositivos portáteis inteligentes", Fibras e polímeros, Vol.17, N.º 12, pp. 20552061, 2016

[1.13] Z. Xu, T. Kaufmann, C. Fumeaux, "Wearable Textile Shielded Stripline for Broadband Operation," Microwave and Wireless Components Letters, IEEE, vol.24, no.8, pp.566-568, agosto de 2014.

[1.14] M. Chedid, P. Leisner e I. Belov, "Experimental analysis and modelling of the textile transmission line for wearable applications," International Journal of Clothing Science and Technology, Vol. 19 No. 1, pp. 59-71, 2007.

[1.15] R. A. Serway, "Principles of Physics (2nd Ed.). Fort Worth, Texas; Londres: Saunders College Pub. pp. 602, 1998

[1.16] D. Giancoli, "Electric Currents and Resistance," Physics for Scientists and Engineers with Modern Physics (4th Ed.). Upper Saddle River, New Jersey: Prentice Hall. pp. 658, 2009

[1.17] Y. Ouyang e W. J. Chappell, "High-Frequency Properties of Electro-Textiles for Wearable Antenna Applications", IEEE Transactions on Antennas and Propagation, vol. 56, n.º 2, fevereiro de 2008.

CAPÍTULO 2

Modelação numérica e fabrico da linha de transmissão cosida

2.1. Linha de transmissão cosida

Neste capítulo, apresenta-se a viabilidade de utilizar a ideia de um cabo coaxial entrançado para desenvolver uma linha de transmissão cosida e também para estudar o desempenho da linha de transmissão cosida quando cosida com fios condutores e fios de cobre e apenas com fios condutores. Na Fig. 2.1 (a) e (b) pode ver-se uma geometria aproximada da linha de transmissão cosida, juntamente com a estrutura construída. A linha de transmissão cosida com cobertura esparsa é constituída por um cabo RG 174 descarnado, um substrato de ganga e uma blindagem cosida. A escolha de um cabo coaxial para aplicações específicas envolve uma concessão entre perdas de RF, fugas, diâmetro total, peso, flexibilidade e custo. Assim, apesar de ter uma maior perda de sinal em comparação com cabos de maior diâmetro, como o RG58, o RG174 foi escolhido pela sua flexibilidade e diâmetro mais pequeno, o que o torna um bom candidato para utilização com o novo calcador. Foram utilizados fios condutores da Light Stitches juntamente com fios de cobre como proteção. O tamanho do substrato é de *150 mm x 100 mm,* enquanto o comprimento da linha de transmissão cosida é de *150 mm.* A linha de transmissão cosida proposta é muito prática, rápida e fácil de instalar, económica e tem uma gama de frequências suficiente para suportar múltiplos canais. Um olhar atento à geometria têxtil da blindagem da linha de transmissão cosida indica que os pontos seguem uma trajetória helicoidal em torno da linha cosida e podem ser comparados a um cabo coaxial entrançado de dois fios.

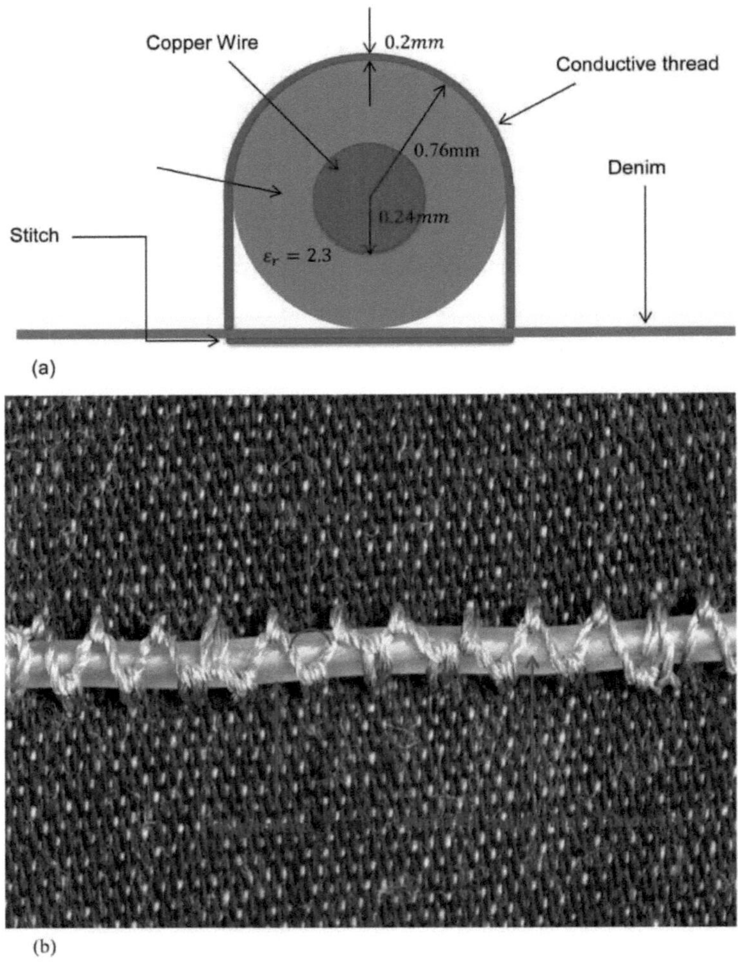

Figura 2.1 (a) Geometria da linha de transmissão cosida (b) Vista ampliada da linha de transmissão cosida fabricada

Para fabricar a linha de transmissão cosida, o cabo coaxial entrançado RG 174 foi cuidadosamente despojado do seu revestimento exterior e da sua blindagem, deixando para trás o condutor interior e o material dielétrico tubular constituído por polietileno. A linha de transmissão foi colocada sobre um material de ganga que serve de substrato e cosida com uma máquina de costura Singer Talent. Foi fabricado um calcador modificado para ajudar a coser a linha condutora à volta do RG174 descarnado e no material de ganga com a máquina de costura Singer Talent com diferentes comprimentos de ponto, enquanto a largura e a tensão do ponto foram mantidas constantes.

2.2. Calcador Novel

O calcador é um acessório utilizado nas máquinas de costura para manter o vestuário numa posição regular à medida que é passado pela máquina e cosido. As máquinas de costura têm cães de alimentação na base da máquina para proporcionar tração e mover o vestuário à medida que é alimentado através da máquina, enquanto o costureiro proporciona um apoio extra ao vestuário, guiando-o com uma mão. Um calcador ajuda a garantir que o vestuário é mantido no lugar, para que não suba e desça com a agulha e não enrugue à medida que é cosido. No entanto, quando se trata de coser peças de trabalho espessas, tais como colchas, é frequentemente utilizado um acessório especializado denominado calcador em vez de um calcador. O calcador é normalmente articulado com uma mola para proporcionar alguma flexibilidade à medida que o tecido se move por baixo dele. Tem dois dedos que seguram o tecido de cada lado da agulha [2.1].

Uma vez que a linha de transmissão descarnada é colocada no vestuário antes de se baixar o calcador, tanto na linha de transmissão descarnada como no vestuário, durante a execução do ponto, era necessário fabricar um calcador que cumprisse este requisito sem perturbar o meio dielétrico tubular da linha de transmissão descarnada. Foi fabricado um novo calcador para a máquina de costura a partir de um metal de latão, como se mostra na Fig. 2.2, enquanto a Fig. 2.3 mostra o calcador utilizado na construção da linha de transmissão cosida.

É importante notar aqui que o calcador foi concebido para cumprir os requisitos de costura para um cabo coaxial entrançado RG174 descarnado e pode ser utilizado com qualquer máquina de costura. No entanto, para uma aplicação diferente, por exemplo, para um cabo coaxial entrançado RG58, deve ser concebido um calcador diferente e devem ser efetuados os ajustes necessários para cumprir os requisitos de costura.

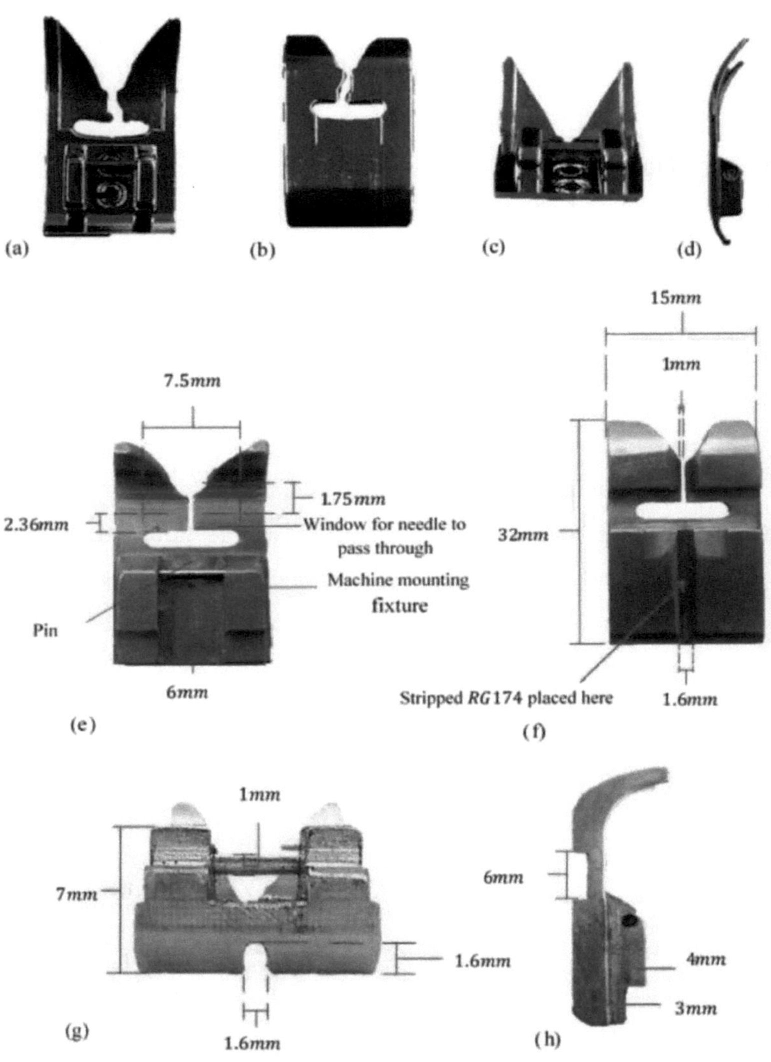

A figura 2.2(a) - (d) e (e) - (h) mostra a vista superior, inferior, traseira e lateral do calcador Singer AllPurpose Snap-On e do calcador novo, respetivamente. **Nota**: Todas as dimensões em milímetros (não à escala) [2.2] -[2.4]

Figura 2.3 Novo calcador utilizado na máquina de costura Singer Talent [2.2]- [2.4]

2.3. Ângulo do ponto

Para uma blindagem entrançada com um padrão de entrançado típico, como se mostra na Fig. 2.4, o ângulo de entrançado ou de trança, que é o ângulo formado pelas portadoras com o eixo longitudinal do cabo coaxial entrançado, é dado por

$$\beta_X = \tan^{-1} \frac{2\pi D_o N_W}{c_C}$$

(2.1)

[2.5]

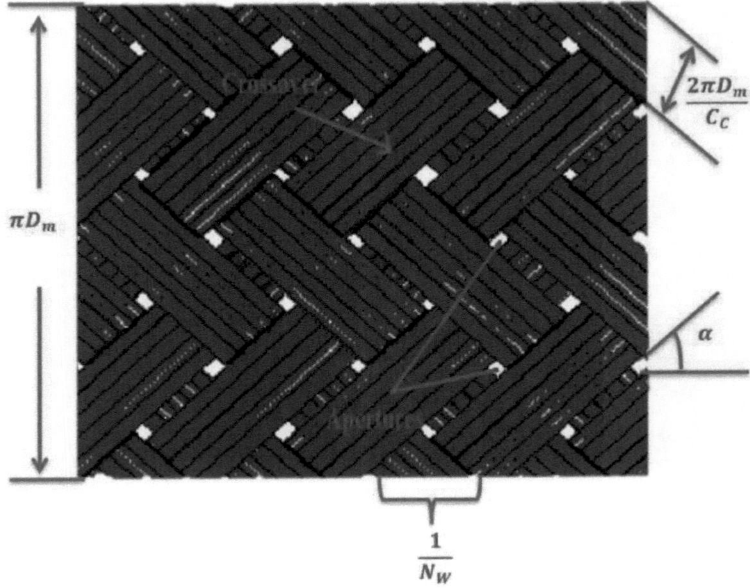

Figura 2.4 Padrões de trança típicos com ângulo de trança β por Vance [2.5]

Do mesmo modo, para a linha de transmissão cosida, o ângulo de costura, que é o ângulo formado pelas portadoras com o eixo longitudinal da linha de transmissão cosida, pode ser estimado utilizando uma secção da linha de transmissão, como se mostra na Fig.2.5.

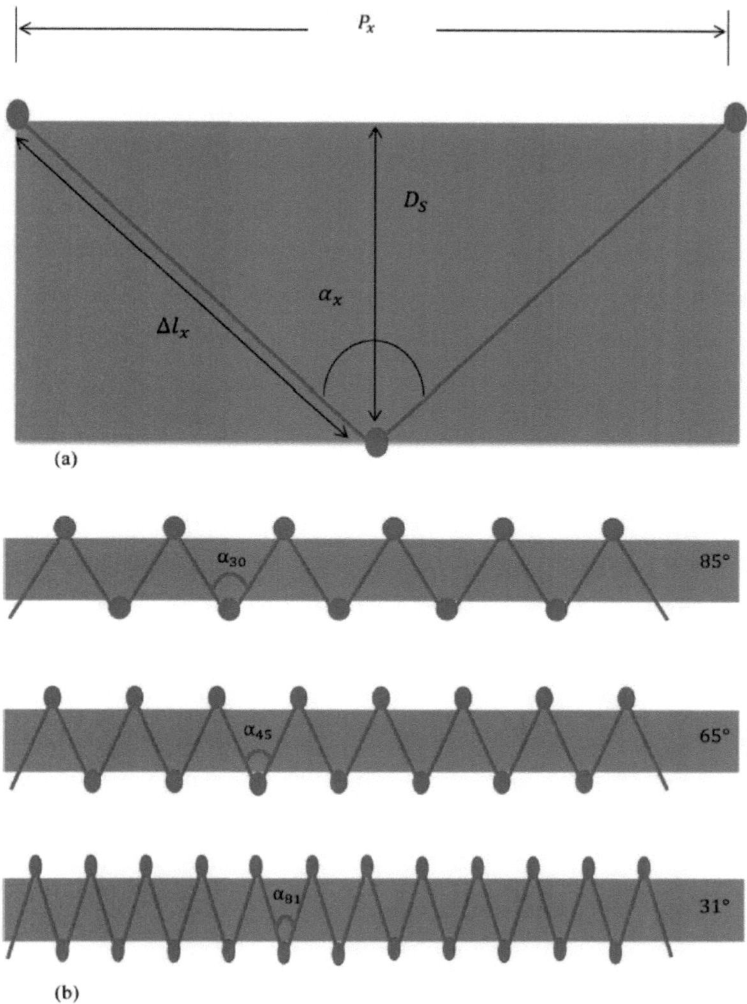

Figura 2.5 Ilustrações esquemáticas de (a) Ângulo do ponto e (b) Três ângulos de ponto diferentes

Aqui,

$$\alpha_x = 2\tan^{-1}\left(\frac{P_x}{2D_S}\right) \tag{2.2}$$

Onde, D_s = 1,52mm é o diâmetro da linha de transmissão costurada antes da costura, P_x = P_{60} = 2,76mm, P_{90} = *1,94mm,* P_{162} = 0,83mm é o passo do ponto com x = [60,90,162] significando o número de pontos e Δl_x , o comprimento do ponto.

A linha de transmissão cosida foi fabricada com três ângulos de costura diferentes: α_{30} = *85° (comprimento do ponto $\Delta l_{1.7mm}$),* α_{45} = *63° (comprimento do ponto $\Delta l_{1.5mm}$) e* α_{81} = *31° (comprimento do ponto $\Delta l_{1.2mm}$).* O comprimento do ponto, que é determinado pelos transportadores e pelo regulador do comprimento do ponto, determina o ângulo do ponto da linha de transmissão cosida. Quanto mais longo for o ponto, maior será o ângulo do ponto e vice-versa. O ângulo do ponto determina o nível de cobertura oferecido pela linha de transmissão do ponto e desempenha um papel significativo na determinação da forma do ponto e do seu acoplamento magnético. Quanto maior for a cobertura da blindagem, menor será a radiação de energia e a entrada de sinais RF de e para a linha de transmissão cosida. No entanto, isto não significa necessariamente uma menor atenuação do sinal, porque a atenuação não depende apenas da conceção do cabo, mas também da frequência e do comprimento do cabo. Verifica-se que a atenuação nos cabos coaxiais também aumenta ao longo de um período devido à flexão e à entrada de humidade no cabo coaxial. No entanto, é mais afetada pela resistência DC do condutor. Os fios condutores, quando utilizados como linhas de transmissão, tendem a ter mais perdas do que os condutores metálicos devido à sua resistência.

Para maior clareza e melhor compreensão, os comprimentos dos pontos serão utilizados ao longo do texto em vez dos ângulos dos pontos, salvo indicação em contrário.

2.4. Modelo de campo completo com o CST Microwave Studio Suite

A linha de transmissão vestível cosida foi modelada como uma estrutura helicoidal composta em contrarroda com um condutor concêntrico, tal como proposto por Wait [2.6], como se mostra na Fig. 2.6. Esta consiste num condutor interno feito de cobre recozido, rodeado por uma camada isolante de polietileno (PE), uma blindagem de cobre recozido de dupla hélice e um substrato de ganga no qual a linha de transmissão cosida é cosida.

O projeto da linha de transmissão cosida foi realizado com recurso ao CST Studio Suite, um software de simulação electromagnética que utiliza o método da Técnica de Integração Finita (FIT), rápido e eficiente em termos de memória, e que inclui ferramentas para o projeto e otimização de dispositivos que operam numa vasta gama de frequências - estáticas a ópticas [2.7]. A linha de transmissão cosida projectada é apresentada na Fig.2.7, enquanto a secção transversal da linha de transmissão cosida é mostrada na Fig. 2.8. As dimensões do projeto são apresentadas nas Tabelas 2.1, 2.2 e 2.3. Para modelar a blindagem, que é constituída por duas hélices, foi utilizada a curva analítica que dá a opção de ter a terminação do modelo de fio sólido como natural ou arredondada.

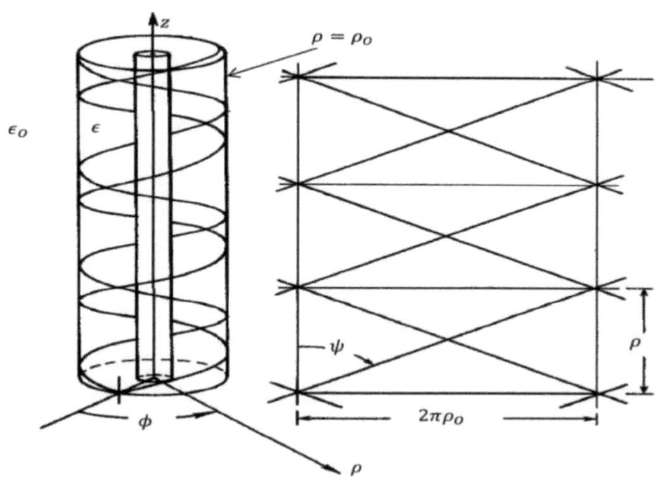

Figura 2.6 Vista em perspetiva das hélices em contra-flecha e do desenvolvimento planar da superfície cilíndrica por Wait [2.6]

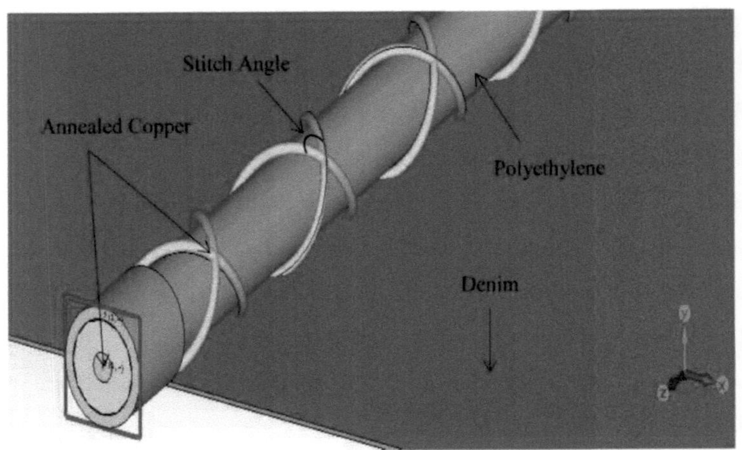

Figura 2.7 Vista 3D do projeto de linha de transmissão com pontos com o conjunto CST Microwave Studio [2.2] - [2.4]

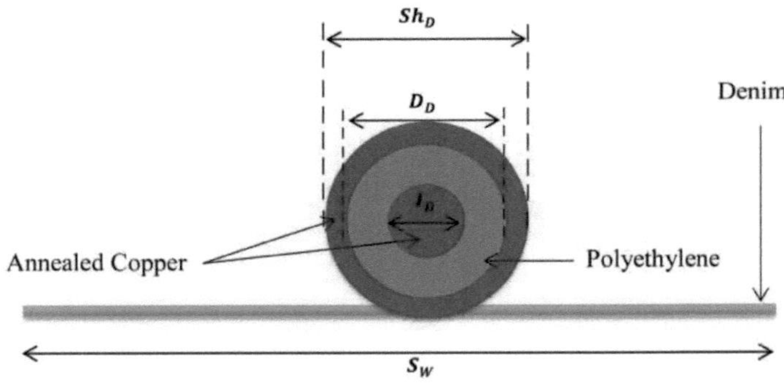

Figura 2.8 Secção transversal da linha de transmissão cosida

Em que Sh_D , D_D , I_D e S_D são o diâmetro da blindagem, o diâmetro do dielétrico, o diâmetro do condutor interno e o diâmetro do substrato, respetivamente.

TABELA 2.1 Dimensões do projeto do CST Microwave Studio Suite com ângulo de ponto a 85°

S/NO	Name	Outer Radius	Inner Radius	X Centre	Y Centre	Z_{min}	Z_{max}	Segments	Component	Material
1	Dielectric	0.76	0.24	0	0	3	157	0	1	Polyethylene (lossy)
2	Inner Conductor	0.24	0.0	0	0	3	157	0	1	Copper (Annealed)
3	Shield1	0.96	0.76	0	0	3	5	0	1	Copper (Annealed)
4	Shield2	0.96	0.76	0	0	155	157	0	1	Copper (Annealed)
5	Substrate	X_{min}	X_{max}	Y_{min}	Y_{max}	Z_{min}	Z_{max}	Component		Material
		-50	50	-0.76	-0.84	5	155	1		Denim

TABELA 2.2 Curva analítica das hélices

S/NO	Analytical curve				Parameter range		Curve
	Analytical	X(t)	Y(t)	Z(t)	Min(t)	Max(t)	
1	Analytical1	$0.86 * sin(200 * t)$	$0.86 * cos(200 * t)$	$156.5 * t$	0.0197	1.002	1
2	Analytical2	$0.86 * cos(200 * t)$	$0.86 * sin(200 * t)$	$156.5 * t$	0.0197	1.002	2

TABELA 2.3 Terminação das hélices

S/NO	Name	Folder	Radius	Modelling	Termination	Material
1	Wire1	Curve1	0.1	Solid wire model	Natural	Copper (Annealed)
2	Wire2	Curve2	0.1	Solid wire model	Natural	Copper (Annealed)

O desenho foi efectuado com três comprimentos de ponto diferentes de 1,7 mm, 1,5 mm e 1,2 mm , correspondendo a ângulos de ponto de 31°, 65° e 85°. Os resultados dos parâmetros de dispersão são apresentados na Fig.2.9.

O coeficiente de reflexão S_{11} para o ângulo de ponto de 85° é inferior a *-3dB* em toda a banda de operação, enquanto os coeficientes de transmissão S_{21} são melhores do que *-4,3dB* para frequências até 2,5GHz. Do mesmo modo, o coeficiente de reflexão S_{11} para o ângulo de ponto de 65° é inferior a *-2,8dB* na maior parte da banda de funcionamento, e os coeficientes de transmissão S_{21} são melhores do que *-3,3dB* para frequências até *2,16GHz* . Finalmente, o coeficiente de reflexão S_{11} para o ângulo de ponto de 31° é inferior a *-5dB* para frequências até 2,55GHz na maior parte da banda de operação, e os coeficientes de transmissão. S_{21} são melhores do que -3dB para frequências até 2,5GHz.

Geralmente, uma linha de transmissão com uma melhor cobertura de proteção tende a ter menos perdas por radiação, uma vez que uma maior cobertura de proteção significa uma menor radiação de energia; no entanto, isto não significa necessariamente uma menor atenuação do sinal. A perda por radiação também tende a aumentar com o aumento da frequência. Assim, a altas frequências, os cabos coaxiais entrançados, por exemplo, são duplamente ou triplamente blindados para minimizar as perdas devidas à radiação. No caso da linha de transmissão cosida, a sua laminação deve ser considerada em trabalhos futuros.

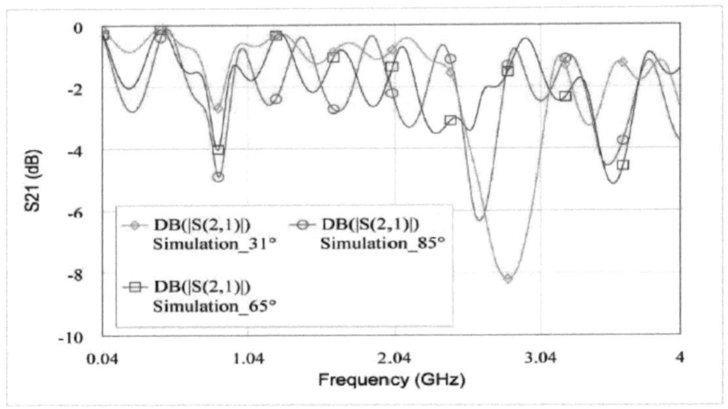

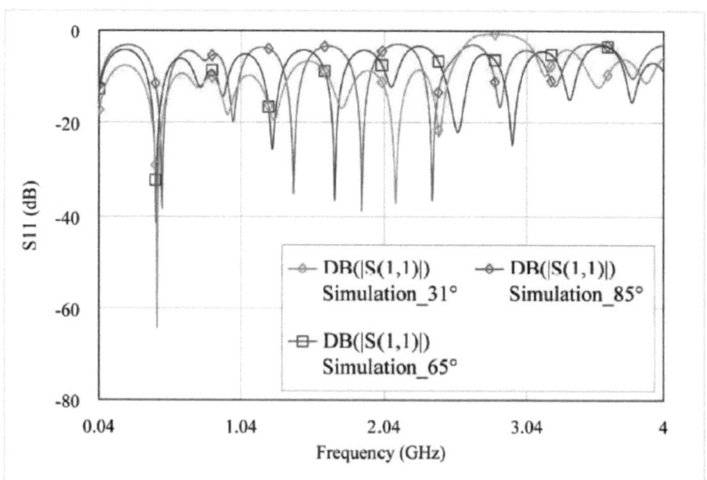

Figura 2.9 Parâmetros S da linha de transmissão cosida com ângulos de costura de 85°, 65° e 31° correspondentes a comprimentos de costura de 1,7 mm, 1,5 mm e 1,2 mm, respetivamente, utilizando o CST Microwave Studio Suite

Para ângulos de costura de 85°, 65° e 31°, a linha de transmissão cosida com ângulo de costura de 65° parece ter mais perdas em comparação com os ângulos de costura de 85° e 31°. No entanto, será fácil assumir que a linha de transmissão cosida com um ângulo de costura de 85° e 31° tem mais perdas do que a linha de transmissão cosida com um ângulo de costura de 65°. Isto deve-se ao facto de a linha de transmissão cosida com um ângulo de costura de 85° ter menos resistência DC e menos cobertura de blindagem em comparação com a linha de transmissão cosida com um ângulo de costura de 31°, que tem mais resistência DC e mais cobertura de blindagem, em comparação com a linha de transmissão cosida com um ângulo de costura de 65° cuja resistência DC e cobertura de blindagem se situam entre as duas. Neste caso, a perda de radiação é dominante devido à fraca cobertura da blindagem atribuída à linha de transmissão cosida, uma vez que a perda de radiação é reduzida quando existe uma maior cobertura da blindagem; inversamente, a perda de radiação tende a aumentar com o aumento da frequência. A perda por radiação é mais elevada a *0,8 GHz e 2,5 GHz,* uma vez que a linha de transmissão se comporta mais como uma antena de onda de fuga e entra em ressonância a essas frequências. Outras fontes de perda associadas a uma linha de transmissão, para além das perdas por condução e por radiação, incluem a perda dieléctrica, a perda por desfasamento e a perda por indução.

REFERÊNCIA

[2.1] Calcador [Online]. [Acedido em: 12-fevereiro 2017]. Disponível em: https://en.wikipedia.org/wiki/Presser_foot

[2.2] Isaac H. Daniel, Nicodemus Kure e Abdullahi A. Kassimu, "Two Way Comparison between Stitched Transmission Lines with Copper Wires and Conductive Threads, and with Conductive Threads only", Journal of Electrical and Electronics Engineering Research, Vol. 9 (1), pp. 1 - 7, 2017

[2.3] Isaac Hyuk Daniel, Ibrahim Umar, Nicodemus Kure, Abdullahi Anderson Kassimu, "Linha de transmissão costurada lavável para aplicações vestíveis", Jornal Internacional de Pesquisa Inovadora em Ciência, Engenharia e Tecnologia (IJIRSET), Vol. 6, Edição 8, pp. 15527 - 15533, 2017

[2.4] Isaac H. Daniel, James A. Flint e R. Seager, "Stitched transmission Lines for Wearable RF Devices," Microwave and Optical Technology Letters, Vol. 59, No. 5, pp. 1048 - 1052, 2017

[2.5] E. Vance, "Shielding effectiveness of braided-wire shields," IEEE Transactions on Electromagnetic Compatibility, vol. EMC-17, pp. 71-77, maio de 1975

[2.6] J. R. Wait, "Electromagnetic Theory of the Loosely-Braided Coaxial Cable: Parte I", IEEE Transactions on Microwave Theory and Techniques, vol. 24, n.º 9, pp. 547-553, setembro de 1976

[2.7] CST Studio Suite® [Online]. [Acedido em: 12-fevereiro 2017]. Disponível em: https://www.cst.com/Products/CSTS2

CAPÍTULO 3

Medições experimentais da linha de transmissão cosida

3.1. Introdução

As medições são o passo final e o mais importante para caraterizar a linha de transmissão cosida, uma vez que todas as aplicações práticas dependem dos resultados das medições. A configuração das medições requer um bom conhecimento da teoria, paciência e tempo. Assim, uma vez concebida e fabricada uma linha de transmissão vestível, o passo seguinte é efetuar medições para verificar se os resultados medidos da linha de transmissão estão de acordo com os resultados teóricos e simulados.

Uma vez que uma linha de transmissão vestível estará a funcionar sob o movimento do corpo humano, devem ser examinadas durante a medição algumas deformações específicas da linha de transmissão, como a flexão e o esmagamento. Do mesmo modo, espera-se que a linha de transmissão vestível seja medida em diferentes condições ambientais, como neblina, neve, chuva, orvalho, humidade elevada, poeira, lama, etc. Testar a durabilidade da linha de transmissão em termos do seu desempenho após a lavagem é também um requisito. O tipo de lavagem, que pode ser à mão ou à máquina, também deve ser tido em consideração.

As linhas de transmissão cosidas aqui analisadas foram construídas com fios condutores e fios de cobre, com três ângulos de costura e padrões de costura diferentes. As medições nestas linhas de transmissão foram efectuadas em paralelo com medições com as linhas de transmissão cosidas dobradas em dois ângulos curvos diferentes, com dois substratos diferentes e depois de submetidas a ciclos de lavagem. Finalmente, foram também efectuadas medições no corpo da linha de transmissão cosida. As medições dos parâmetros de dispersão foram efectuadas com um analisador de rede vetorial Anritsu *MS46524A 7GHz*. A configuração da medição é a mostrada na Fig. 3.1.

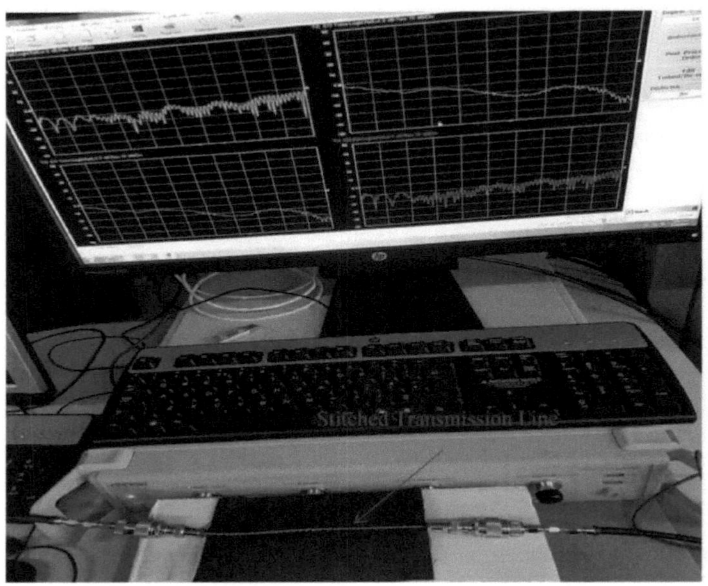

Figura 3.1 Configuração da medição com o Analisador de Rede Vetorial de *7GHz* MS46524A da Anritsu

3.2. Linhas de transmissão cosidas com fios condutores e fios de cobre

A atenuação é a perda de potência intrínseca numa linha de transmissão, que depende tanto da conceção da linha de transmissão como da frequência e do comprimento da linha de transmissão. No caso dos cabos coaxiais, verifica-se que a atenuação também aumenta ao longo de um período devido à flexão e à entrada de humidade no cabo. No entanto, é mais afetada pela resistência DC do condutor. Uma vez que a resistência do fio de cobre e do fio condutor não é zero, sempre que a corrente flui através do fio de cobre e do fio condutor que constituem a blindagem, perde-se alguma energia sob a forma de calor. Esta perda aumenta com o quadrado da corrente e é designada por perda resistiva. No entanto, os fios condutores, quando utilizados como linhas de transmissão, tendem a ter mais perdas do que os condutores metálicos devido à sua resistência. Esta secção apresenta linhas de transmissão cosidas construídas com fios de cobre e fios condutores e apenas com fios condutores. A ideia de utilizar fios condutores e fios de cobre no fabrico da linha de transmissão cosida foi utilizada para avaliar o seu efeito na resistência DC da linha de transmissão cosida e a perspetiva de

30

minimizar as perdas DC.

Foram efectuadas medições na linha de transmissão cosida fabricada com fio de cobre e fio condutor da Light Stitches na gama de frequências de 0,04 - *4GHz* com os resultados dos parâmetros de dispersão indicados nas Fig.3.2, 3.3 e 3.4.

Foram observadas perdas resistivas na linha de transmissão cosida para frequências até *1GHz*, com as perdas a aumentarem com a diminuição do comprimento da cosida.

Aqui, *CW_CT_L2, CW_CT_L3* e *CW_CT_L4* referem-se às linhas de transmissão cosidas construídas com fio de cobre e fio condutor, com comprimento de ponto *de 2 mm, 3 mm* e *4 mm*, respetivamente. Além disso, *CT_L2, CT_L3* e *CT_L4* referem-se à linha de transmissão cosida construída apenas com fio condutor, com comprimento de ponto de 3 mm, enquanto *Sim_L2, Sim_L3 e Sim_L4* se referem aos resultados simulados com fios de cobre recozidos com comprimento de ponto de *2 mm, 3 mm* e *4 mm*, respetivamente.

A partir das Fig. 2.2, 2.3 e 2.4, os coeficientes de reflexão medidos S_{11} são inferiores a -5,19dS para frequências até *3,161GHz* para *SIM_L2* e *-5dB* e *-6,66dB* para *CW_CT_L2* e *CT_L2* em toda a banda de funcionamento, respetivamente, enquanto os coeficientes de transmissão S_{21} são melhores do que -2.14dS para frequências até 2,478GHz para *SIM_L2* e *-7,6dB* para frequências até *0,9673GHz* e *-6dB* para frequências até *1GHz*, para *CW_CT_L2* e *CT_L2*, respetivamente. Do mesmo modo, os coeficientes de reflexão medidos S_{11} são inferiores a *-2,79dB* em toda a banda de funcionamento para *SIM_L3* e a -4,96dB e-5,88dB para *CW_CT_L3* e *CT_L3* em toda a banda de funcionamento, respetivamente. Os coeficientes de transmissão .S_{21} são melhores do que *-4dB* para frequências até 3,408GHz para *SIM_L3* e *-6,36dB* para frequências até *1,1GHz* e *-6dB* para frequências até *1,329GHz*, para *CW_CT_L3* e *CT_L3*, respetivamente. Finalmente, os coeficientes de reflexão medidos S_{11} são inferiores a *-3,2dB* para frequências até *3,161GHz* para *SIM_L4* e *-4,6dB* e *-5,53dB* para *CW_CT_L4* e *CT_L4*, e os coeficientes de transmissão S_{21} são melhores do que -3.3dB para frequências até 3,08GHz para *SIM_L4* e *-6,5dB* para frequências até *1,195GHz* e *-5,6dB* para frequências até *2,04GHz*, para *CW_CT_L4* e *CT_L4*, respetivamente.

A linha de transmissão cosida *CW_CT_L2* apresenta maiores perdas em comparação com *CT_L2* para frequências até *0,9 GHz*. Do mesmo modo, a linha de transmissão cosida *CW_CT_L3* apresenta maiores perdas do que *a CT_L3* para frequências até 1,6 GHz. Finalmente, a linha de transmissão costurada *CW_CT_L4* também apresenta mais perdas em comparação com *CT_L4* para frequências até *2,6 GHz*. As perdas DC são menores com as linhas de transmissão cosidas com fios de cobre e fios condutores, em comparação com as linhas de transmissão cosidas apenas com fios condutores. De um modo geral, as perdas associadas à linha de transmissão cosida, como qualquer outra linha de transmissão, são a perda real e o desfasamento. A perda real é a perda do condutor, a perda dieléctrica e a perda por radiação ou indução, enquanto a perda por desfasamento é o resultado de reflexões ao longo da linha de transmissão quando esta encontra uma descontinuidade na impedância caraterística da linha ou se a linha de transmissão cosida não estiver terminada na sua impedância caraterística. Para a linha de transmissão cosida, a perda dieléctrica é a mesma para as três, mas o mesmo não se pode dizer da perda de condutor, da perda por radiação ou da perda por indução e da perda por desfasamento. A perda por radiação é, no entanto, mais dominante neste caso devido à natureza esparsa da blindagem da linha de transmissão cosida e esta perda tende a aumentar com o aumento da frequência. Não se pode excluir a possibilidade de haver também uma maior perda por indução juntamente com a perda por radiação dominante na linha de transmissão cosida com base nas suas caraterísticas de conceção. A perda por indução ocorre quando os campos electromagnéticos atravessam qualquer condutor e a corrente é induzida no condutor. Quando isto acontece, a potência é dissipada no condutor, perdendo-se depois sob a forma de calor. Podem também ser atribuídas perdas adicionais à ligação frouxa entre o fio de cobre e o fio condutor, o que pode levar a um aumento da resistência na ligação.

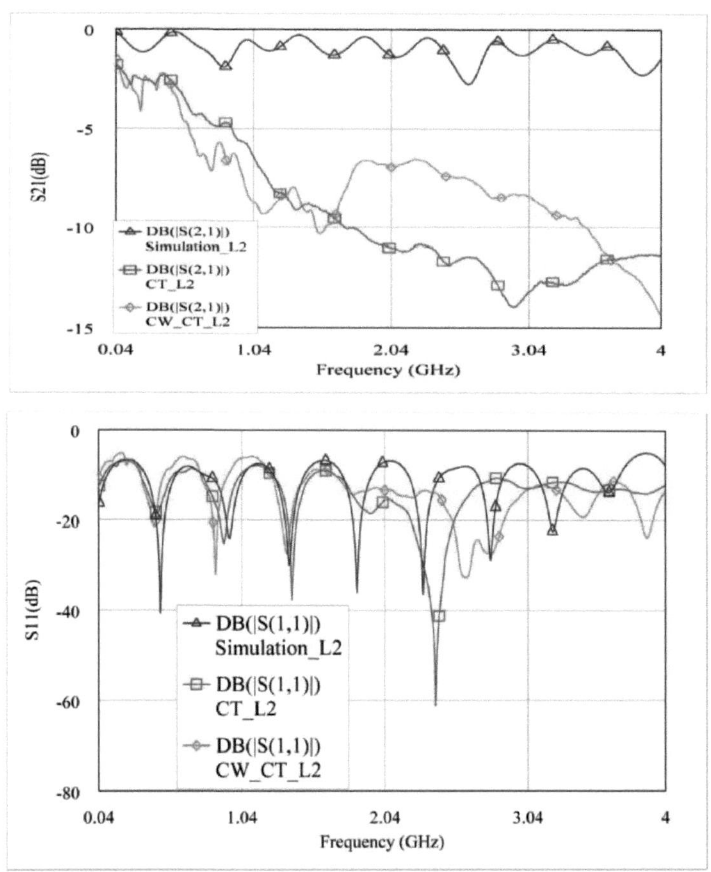

Figura 3.2 Parâmetros S medidos da linha de transmissão cosida com *CW_CT_L2*, *CT_L2* e *SIM_L2*

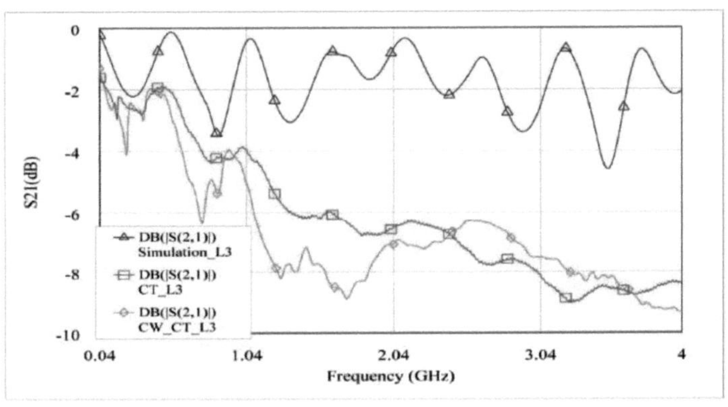

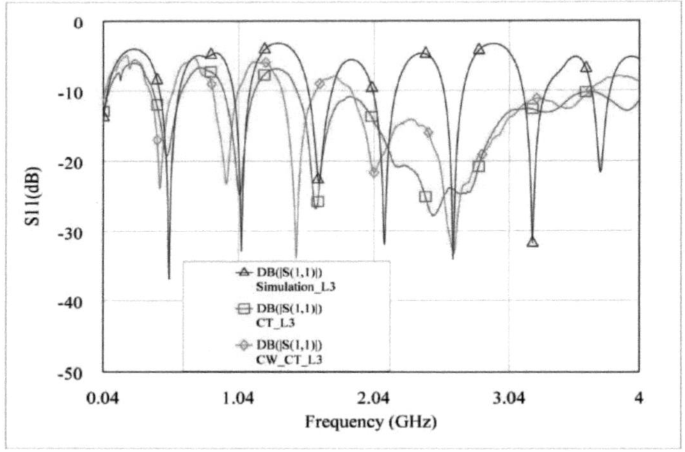

Figura 3.3 Parâmetros S medidos da linha de transmissão cosida com CW_CT_L3, *CT_L3* e *SIM_L3*

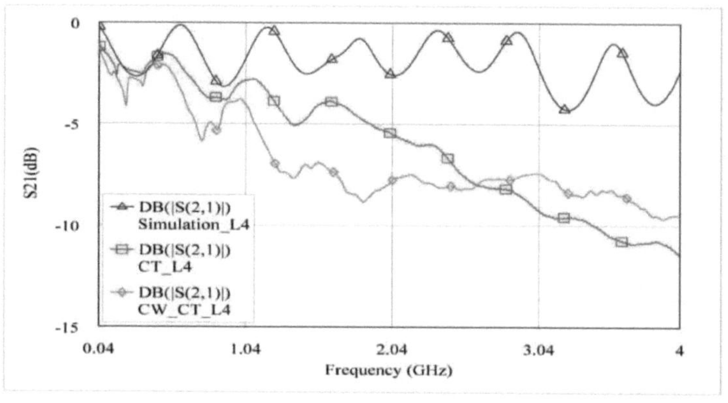

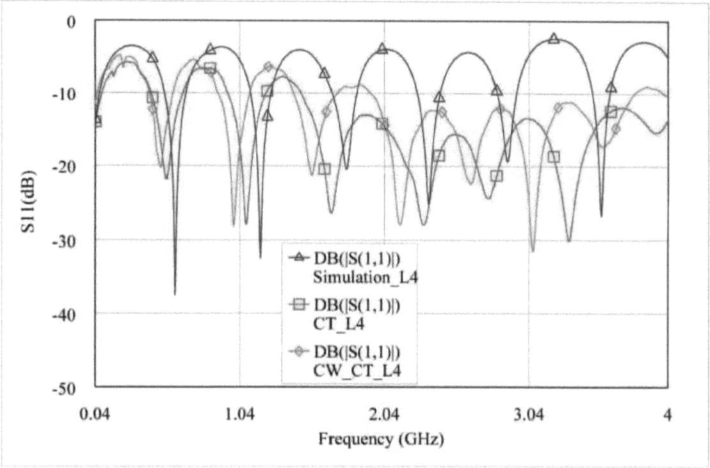

Figura 3.4 Parâmetros S medidos da linha de transmissão cosida com CW_CT_L4, CT_L4 e SIM L4

3.3. Linhas de transmissão cosidas apenas com fios condutores

Também foram efectuadas medições na linha de transmissão cosida numa gama de frequências de 0,04 - *4GHz*, utilizando apenas fios condutores da Light Stitches com diferentes ângulos de costura, tipos de pontos, dois ângulos curvos diferentes e quando sujeitos a ciclos de lavagem, bem como medições no corpo. Estas são discutidas nas secções seguintes.

3.3.1. Linha de transmissão cosida com diferentes ângulos de costura

Com o ponto em ziguezague ajustado na máquina de costura, foram fabricadas três linhas de transmissão diferentes com os três ângulos de ponto diferentes, conforme ilustrado na Fig.3.5. Os parâmetros de dispersão medidos de 0,04 a *4GHz* são apresentados nas Fig.3.6, 3.7 e 3.8.

O coeficiente de reflexão S_{11} para o ângulo de ponto 85° é inferior a *-10dB* na maior parte da banda de funcionamento, enquanto os coeficientes de transmissão .S_{21} são melhores do que *-8dB* para frequências até 2,5GHz. Do mesmo modo, o coeficiente de reflexão medido S_{11} para o ângulo de ponto 65° é inferior a *-10dB* na maior parte da banda de funcionamento, enquanto os coeficientes de transmissão. S_{21} são melhores do que -10dB para frequências até *2,16GHz.* Finalmente, os coeficientes de reflexão medidos S_{11} para o ângulo de ponto $31°$ são inferiores a *-10dB* para frequências até 2,55GHz na maior parte da banda de funcionamento, e os coeficientes de transmissão S_{21} são melhores do que-15dB para frequências até 2,5GHz.

Verificou-se que as aberturas são maiores com a linha de transmissão cosida com um ângulo de costura de 85° e 60 pontos, tendo assim uma menor cobertura da blindagem em comparação com a linha de transmissão cosida com ângulos de costura de 65° e $31°$, que tem 90 e 162 pontos, respetivamente. Espera-se que quanto menor for a cobertura da blindagem, maior será a perda de radiação e vice-versa, com a perda de radiação a aumentar com o aumento da frequência. As perdas DC foram maiores com ângulos de ponto de 65° e $31°$ porque foram utilizados mais fios na construção destas linhas de transmissão cosidas em comparação com a linha de transmissão cosida com um ângulo de ponto de $85°$. Também foram observadas algumas ondulações a frequências mais elevadas, que se devem principalmente a reflexões múltiplas ao longo da linha de transmissão cosida.

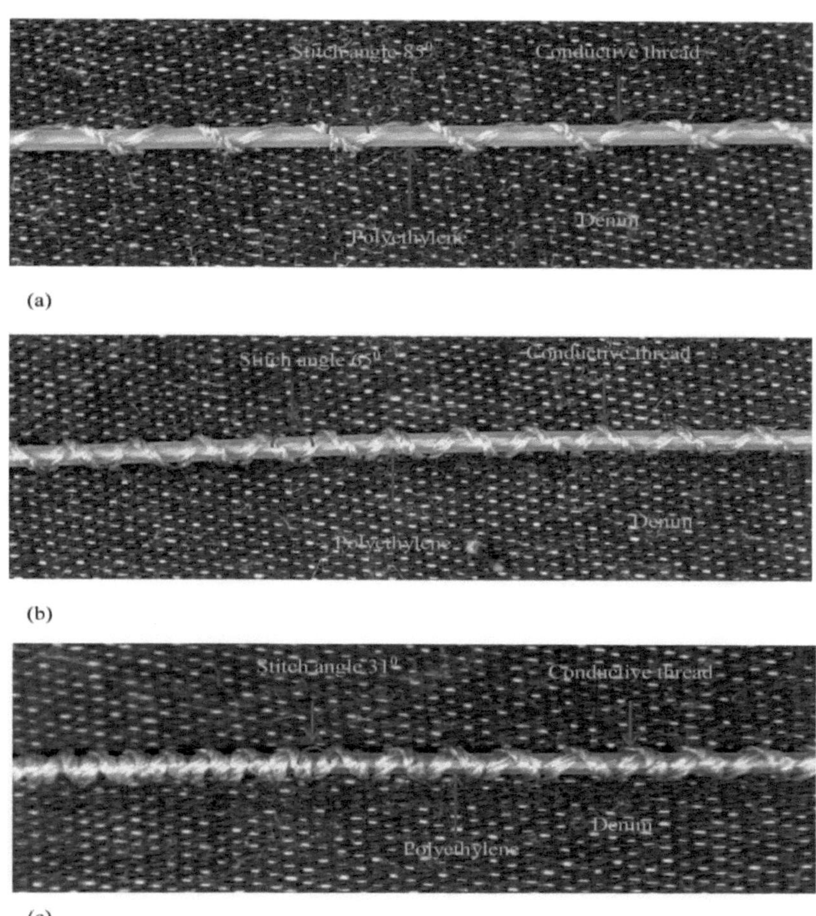

Figura 3.5 Linha de transmissão cosida fabricada com ângulos de costura de (a) 85^0 (b) 65^0 e (c)

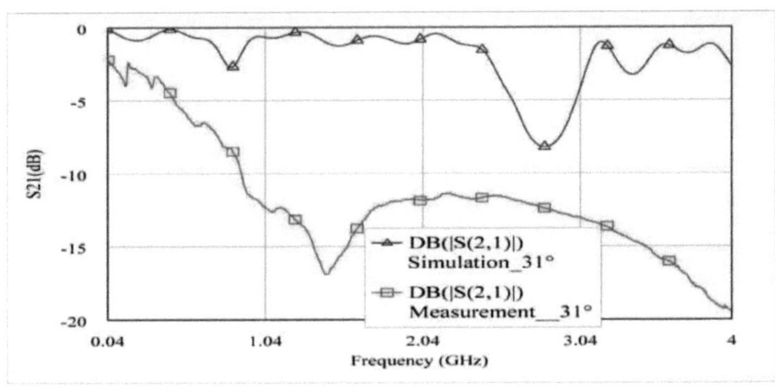
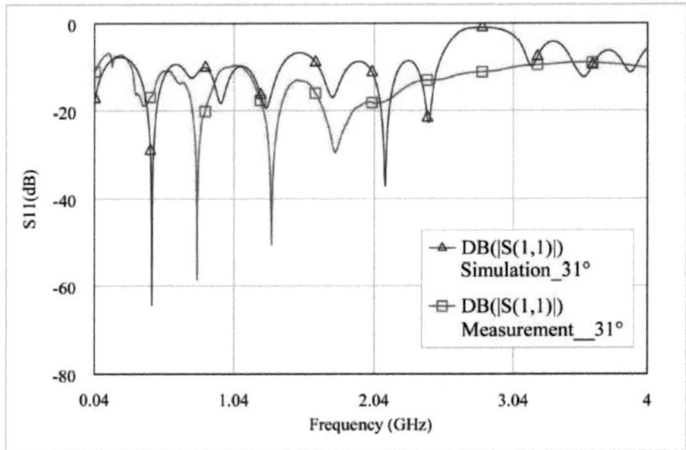

Figura 3.6 Parâmetros S medidos da linha de transmissão cosida com ângulo e comprimento dos pontos de 31° e *1,2 mm*, respetivamente

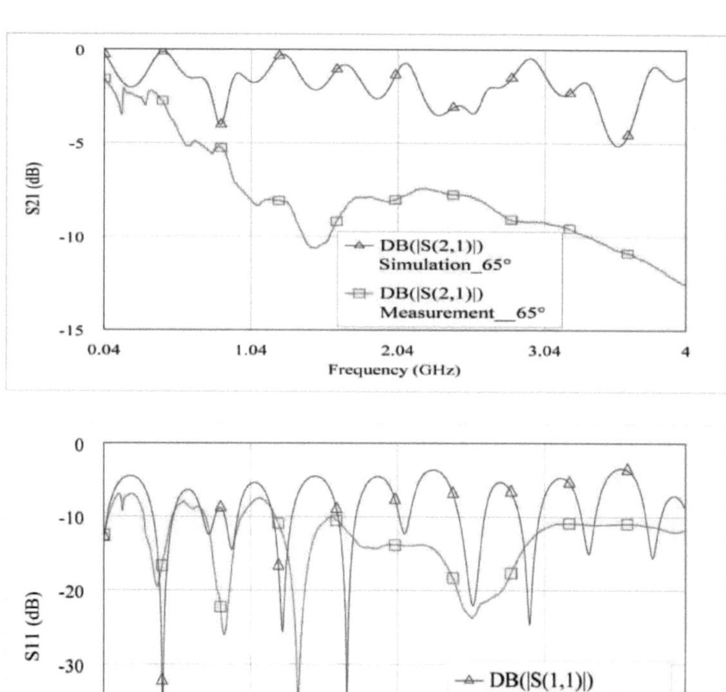

Figura 3.7 Parâmetros S medidos da linha de transmissão cosida com ângulo e comprimento dos pontos de 65° e 1,5 mm, respetivamente

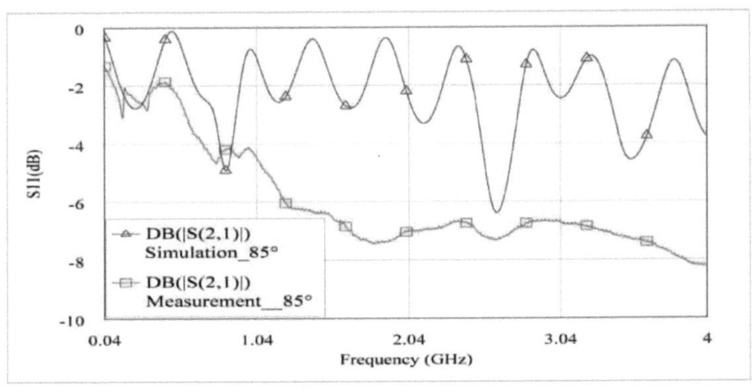

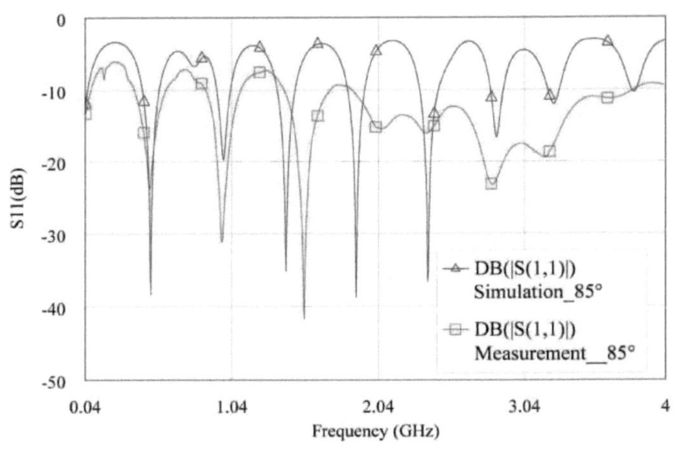

Figura 3.8 Parâmetros S medidos da linha de transmissão cosida com ângulo e comprimento dos pontos de 85° e 1,7 mm, respetivamente

3.3.2. Linha de transmissão cosida com diferentes tipos de pontos

Foram utilizados três tipos diferentes de pontos no fabrico da linha de transmissão vestível cosida, tal como apresentado nas Fig.3.9 e 3.10. A Fig.3.11 apresenta os parâmetros de dispersão medidos de 0,04 a *4GHz*, enquanto a Tabela 3.1 apresenta a resistência DC medida para os pontos Double Overlock, Flatlock e Ric-Rac.

Os coeficientes de reflexão medidos. S_{11} são inferiores a *-9dB* tanto para o ponto Double Overlock como para o ponto Flatlock, e *-10dB* para o ponto Ric-Rac na maior parte da banda de operação, enquanto os coeficientes de transmissão. S_{21} são superiores a *-13dB* tanto para o ponto Double Overlock como para o ponto Flatlock, e -10,5dB para o ponto Ric-Rac. O ponto Double Overlock tem uma melhor cobertura de proteção dos três tipos de pontos. As perdas DC são mais elevadas para o ponto Double Overlock e o ponto Flatlock, que têm ambos densidades de ponto mais elevadas e uma geometria mais complexa em comparação com o ponto Ric-Rac para frequências até *1GHz;* as perdas resistivas são também dominantes em frequências mais baixas, enquanto as perdas por radiação são mais dominantes em frequências mais elevadas. Estas perdas DC são influenciadas principalmente pela geometria do ponto, que é caracterizada pela estrutura hierárquica do ponto e pela densidade, que também é caracterizada pela distância entre pontos individuais numa coluna ou linha. Da Fig. 3.11, o ponto Ric-Rac tem menos perdas dos três para frequências até 1GHz. Para além disso, até 2,4 GHz e acima dessa frequência, o ponto Flatlock e o ponto Double Overlock têm menos perdas, respetivamente. A escolha do melhor ponto a utilizar dependerá, em última análise, do alcance da frequência de transmissão.

TABELA 3.1 Resistência DC medida para o ponto Double Overlock, o ponto Flatlock e o ponto Ric-Rac

Stitch Type	Measured DC Resistance of Shield (Ω)
Double Overlock stitch	30.3
Flatlock stitch	16.7
Ric-Rac stitch	22.4

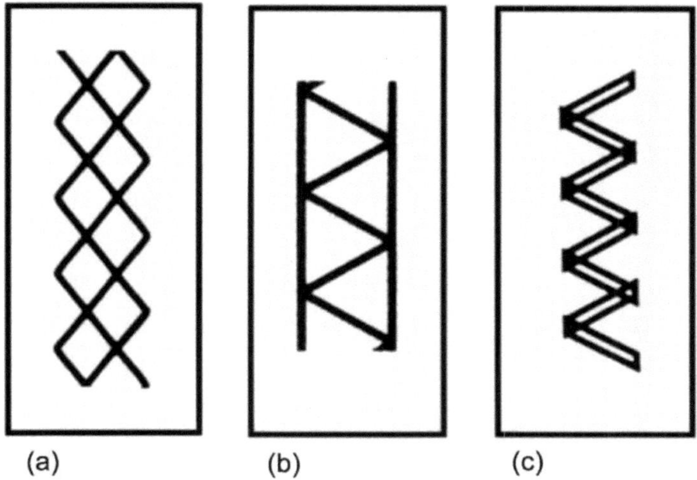

Figura 3.9 Três tipos de pontos diferentes utilizados (a) Ponto duplo Overlock (b) Ponto Flatlock e (c) Ponto

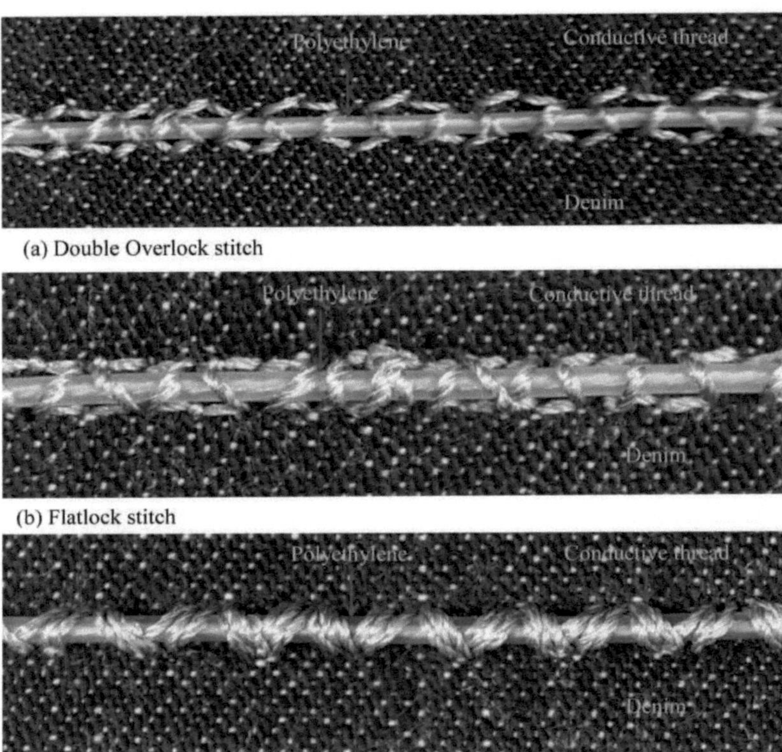

(a) Double Overlock stitch

(b) Flatlock stitch

(c) Ric-Rac stitch

Figura 3.10 Vista ampliada da linha de transmissão cosida construída com três tipos de pontos diferentes

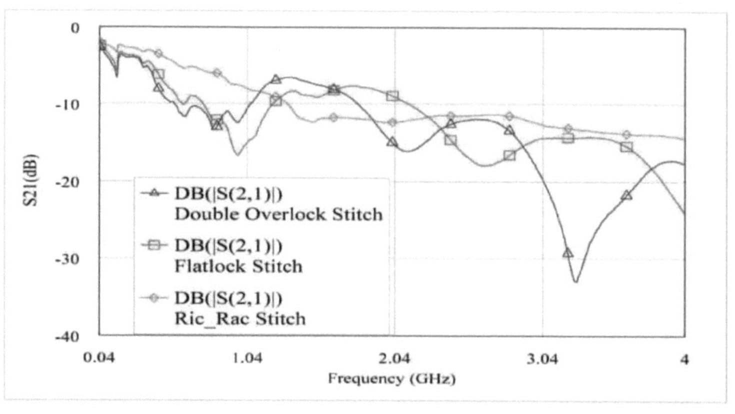

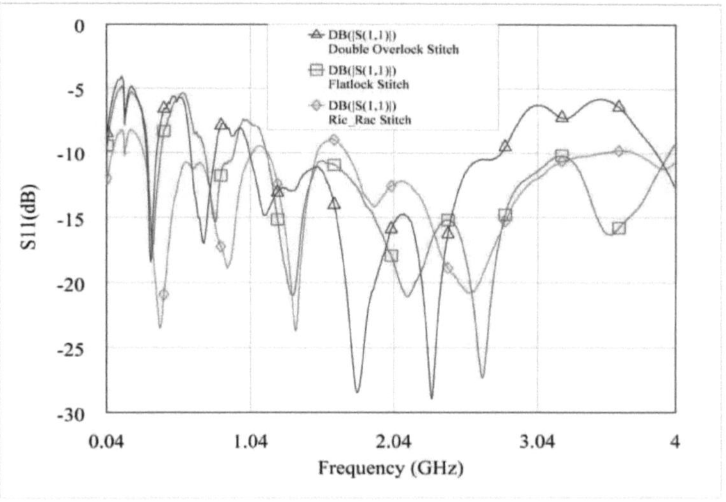

Figura 3.11 Parâmetros S medidos da linha de transmissão cosida com três tipos de pontos diferentes

3.3.3. Linha de transmissão cosida com diferentes ângulos de curvatura

A conveniência, robustez, flexibilidade e fiabilidade operacional da linha de transmissão cosida para várias posições de flexão são muito importantes, uma vez que é cosida ou incorporada em vestuário e usada por seres humanos e animais. A robustez da linha de transmissão cosida foi testada dobrando-a em ângulos curvos de 90° e 180°.

O cabo coaxial entrançado RG174 utilizado no fabrico da linha de transmissão cosida tem um raio de curvatura 10 vezes superior ao seu diâmetro [3.1]. Uma técnica comparável utilizada por Xu et al. em [3.2] para um stripline blindado têxtil para vestir utilizado para a transmissão de sinais, em que a robustez do stripline foi posta à prova numa gama de frequências de *0,01GHz - 8GHz* em termos das suas caraterísticas de propagação, tendo-se verificado que mantém caraterísticas de propagação consistentes quando dobrado em ângulos de 90° e 180°.

As medições na linha de transmissão cosida fabricada com um comprimento de ponto de *2mm* foram efectuadas numa gama de frequências de 0,04 a *4GHz* para ângulos curvos de 90° e 180°, com um raio de curvatura de 75mm, como ilustrado em 3.12. Em comparação com a linha de transmissão planar cosida, estes resultados demonstram que a estrutura mantém os coeficientes de reflexão. S_{11} abaixo de *-10dB* para ambas as condições de flexão. Os coeficientes de transmissão equivalentes. S_{21} são melhores do que -10dB e *-12dB* para 90° e 180°, respetivamente, na banda de frequência considerada de 0,04 - 4GHz. Observa-se um S_{21} muito melhor num ângulo de curvatura de 180° para frequências inferiores a *2,1 GHz*, com as perdas de radiação a aumentarem posteriormente. As descontinuidades, como uma curvatura e aberturas periódicas, são responsáveis pelas perdas por radiação [3.3]. No entanto, as alterações na localização da corrente são responsáveis pelo aumento da radiação dos fios dobrados e não as alterações na distribuição da corrente ou as reflexões nos cantos [3.4]. Com a linha de transmissão cosida, é bastante difícil identificar a radiação da curvatura como a principal fonte de radiação devido à natureza esparsa da blindagem da linha de transmissão cosida. Também é importante notar aqui que o nível de perda ou atenuação de um cabo coaxial entrançado aumenta quando é dobrado bruscamente, mesmo que a curvatura esteja dentro do raio de curvatura recomendado pelo fabricante. No entanto, para a linha de transmissão cosida projectada, os resultados apresentados são para ângulos curvos de 90° e 180° obtidos através de uma curvatura gradual do ângulo da linha de transmissão cosida e não de um ângulo acentuadamente curvado.

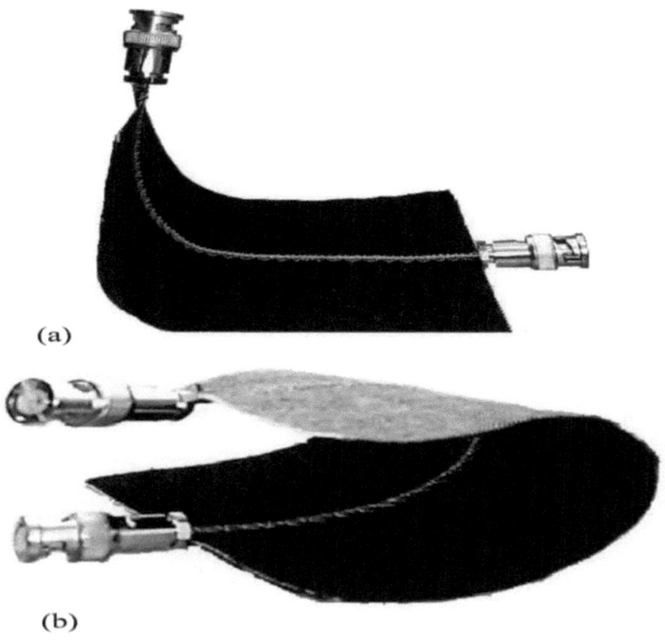

Figura 3.12 Linha de transmissão cosida com diferentes ângulos de flexão curvos a (a) 90° (b) 180°

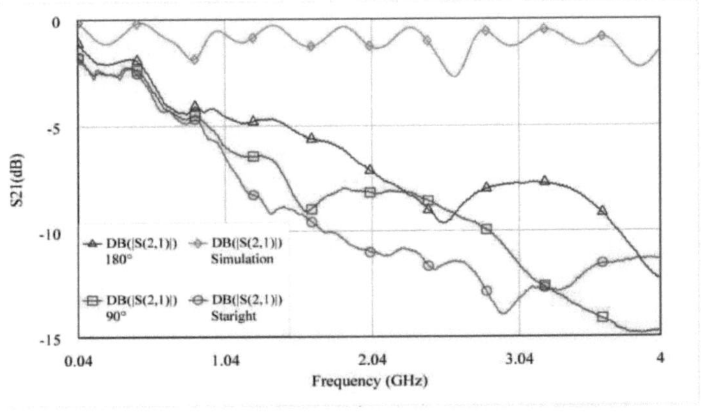

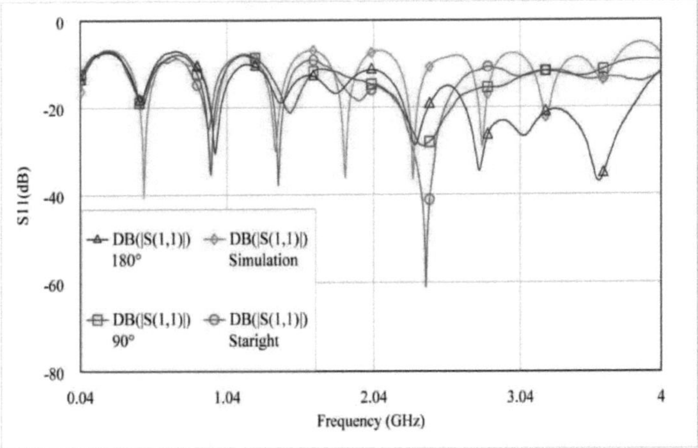

Figura 3.13 Parâmetros S medidos da linha de transmissão cosida com duas condições de flexão diferentes e uma linha cosida reta comparada com uma linha simulada reta

3.3.4. Linha de transmissão cosida sujeita a lavagem

Para que uma linha de transmissão vestível possa ser utilizada em aplicações têxteis inteligentes, é fundamental que tenha boas propriedades de lavabilidade. Com a comodidade da utilização de máquinas de lavar roupa, os seres humanos tendem a ter a necessidade de lavar frequentemente o seu vestuário, mesmo quando não está sujo e, uma vez que estas linhas de transmissão vestíveis vão ser usadas tanto por seres humanos como por animais, a capacidade de lavagem destas "linhas de transmissão vestíveis" é sempre questionada e subsequentemente posta à prova.

Foram efectuadas algumas abordagens para estudar a lavabilidade das linhas de transmissão vestíveis. Chedid et al. em [3.5] apresentaram um estudo experimental e baseado em modelos sobre a deterioração dos parâmetros por unidade de comprimento de uma linha de transmissão têxtil condutora quando sujeita a ciclos de lavagem. Em [3.6], a condutividade de uma linha de transmissão foi testada para determinar as alterações na sua condutividade eléctrica depois de a sujeitar a ciclos de lavagem, com resultados que indicam não haver diferença significativa após 10 ciclos de lavagem. Resultados semelhantes aos de [3.6] foram obtidos em [3.7] para um fio de nylon revestido com nanofios, cuja resistência se manteve relativamente constante após cinco lavagens repetidas num detergente líquido. Em [3.8], foi também explorada a lavabilidade de fios condutores utilizados na construção de traços e sensores tácteis em sistemas electrónicos vestíveis.

O comportamento de lavagem doméstica da linha de transmissão cosida com um comprimento de ponto de *2 mm* foi avaliado depois de a submeter a ciclos de lavagem com detergente em pó Bio Persil numa máquina de lavar roupa Hotpoint. Foram produzidas duas amostras da linha de transmissão cosida. Enquanto as medições foram efectuadas na primeira sem ser lavada, a segunda foi submetida a ciclos de lavagem sem os conectores e as medições foram efectuadas posteriormente, sendo ambos os resultados comparados. O objetivo é verificar a deterioração da dependência da frequência das linhas de transmissão quando os tecidos são submetidos a ciclos de lavagem para frequências até 4GHz. A linha de transmissão cosida e lavada foi submetida a um ciclo normal de 60° C. A resistência DC, bem como os parâmetros de dispersão da linha, foram medidos antes e depois da lavagem.

Os parâmetros de dispersão medidos de 0,04 a 4GHz antes e depois dos ciclos de lavagem são mostrados na Fig.3.14, enquanto a resistência DC medida é dada na Tabela 3.2. A partir da Tabela 3.2, verifica-se que a resistência DC aumentou de 16,9Ω antes da lavagem para 22,8Ω após a lavagem. Isto era esperado porque, à medida que a temperatura muda, as dimensões do condutor mudam à medida que este se expande ou contrai. Embora estas alterações na resistência não possam ser explicadas por uma alteração nas dimensões devido à expansão ou contração térmica, para um determinado tamanho de condutor, a alteração na resistência deve-se principalmente a uma alteração na resistividade do material e é causada pela alteração da atividade dos átomos que constituem o material. No entanto, uma razão muito plausível para o aumento da resistência da linha de transmissão cosida após a lavagem pode ser atribuída à perda de algumas fibras metálicas devido a impactos de abrasão na máquina de lavar, uma vez que também se observou que os fios condutores pareciam soltos e esfiapados (ver Fig.3.15) após a lavagem, especialmente nas extremidades da linha de transmissão, o que também dificultou bastante a ligação aos conectores.

Verificou-se que as perdas DC aumentam na linha de transmissão lavada em comparação com a linha de transmissão cosida não lavada a frequências mais baixas. Curiosamente, os parâmetros de dispersão parecem muito melhores com a linha lavada, o que é bastante bom para aplicações de desgaste. São aqui propostas duas hipóteses para explicar por que razão isto pode estar a acontecer; em primeiro lugar, a lavagem do óleo que adere à linha de transmissão cosida durante a lavagem. No entanto, isto também pode levar ao inchaço do fio quando este absorve água através de fissuras e defeitos pré-existentes no revestimento de prata, causando um número crescente de fissuras e defeitos, e, em segundo lugar, a ligeira alteração da tensão no interior dos fios. Geralmente, os materiais têxteis têm um comportamento viscoelástico [3.9], as tensões internas aliviam-se com o tempo e a geometria também pode mudar devido à lavagem [3.10]. É também importante notar aqui que a lavagem da linha de transmissão cosida a altas temperaturas pode afetar o fio condutor, manchando a prata revestida, uma vez que a prata se mancha facilmente [3.11] quando exposta à humidade e a ácidos transportados pelo ar. A mancha que pode reduzir a condutividade superficial da prata é uma camada de óxido isolante que se forma na superfície da prata. O grau de redução desta condutividade depende da espessura do verniz. Além disso, a má qualidade da água, o enxofre, o flúor elevado e o pH baixo reagem fortemente com a prata e podem também afetar a sua condutividade e desempenho de blindagem. O dielétrico também tem um efeito, uma vez que alguns tipos de polietileno podem absorver a humidade mais facilmente do que outros.

TABELA 3.2 Resistência DC da blindagem da linha de transmissão cosida antes e durante a lavagem

Stitched transmission line			Washing Type	Washing Temperature (°C)	Detergent used	Resistance before washing (Ω)	Resistance after washing (Ω)
Stitch Tension	Stitch Width	Stitch Length	Machine Wash	60	Bio Persil	16.9	22.8
4	2	2					

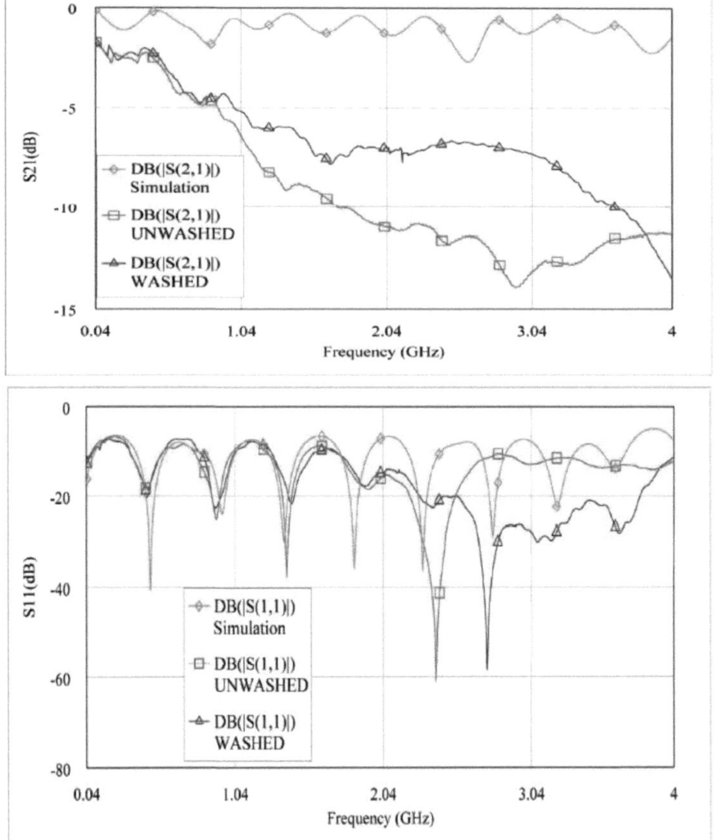

Figura 3.14 Parâmetros S medidos da linha de transmissão com costura lavada e não lavada [3.12]

Foram obtidas imagens de microscópio eletrónico de dispersão (SEM) com o JEOL JSM-7800F FE-SEM, para investigar visualmente o estado dos fios condutores antes e depois da lavagem. Antes de utilizar o microscópio eletrónico de dispersão, as duas amostras foram revestidas por pulverização catódica durante 60 segundos com paládio dourado (Au/Pd) utilizando o Quorum Q150R, que é um sistema compacto de revestimento com bomba rotativa adequado para pulverização catódica SEM com metais não oxidantes (nobres) e para revestimento de carbono de amostras SEM para EDS (espetroscopia de raios X dispersiva em energia) e WDS (espetroscopia de raios X dispersiva em comprimento de onda) [3.13]. As Figs. 3.16 e 3.17 (a)-(e) mostram as imagens digitalizadas da linha de transmissão cosida, o espetro do mapa EDS com imagens que mostram a composição média em peso % (wt. %) e o erro estatístico apresentado como σ (peso % sigma) para o peso calculado e os mapas de elementos de raios X que mostram a presença de carbono, prata e oxigénio. Para a amostra não lavada, a prata está distribuída uniformemente com algumas fissuras. A amostra não lavada também contém carbono, prata e oxigénio, com alguns vestígios de cobre e cálcio, ambos abaixo dos limites de deteção. Na amostra lavada, a prata também se encontra uniformemente distribuída. As fissuras no fio condutor parecem ser maiores na amostra lavada, o que mostra que o revestimento contínuo de prata está mais delaminado pela lavagem. A amostra lavada também contém carbono e prata, com alguns vestígios de cobre e cálcio, que parecem ter uma composição média mais elevada em peso % em comparação com a amostra não lavada.

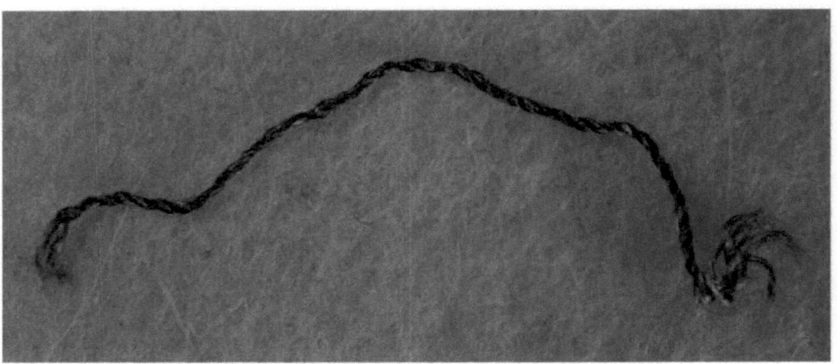

Figura 3.15 Secção de corte do fio lavado da linha de transmissão cosida

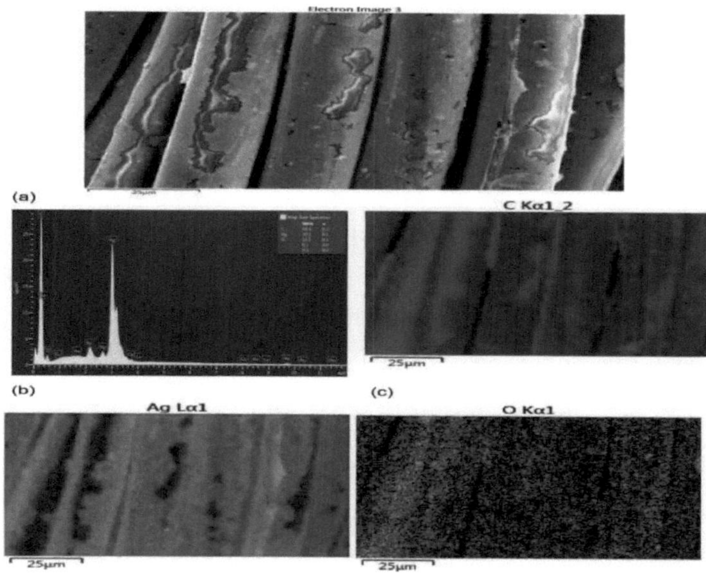

Figura 3.16 Imagem digitalizada de uma linha de transmissão cosida não lavada, com (b) a mostrar a composição dos elementos, enquanto (c)-(e) cores a representar a presença dos elementos [3.12]

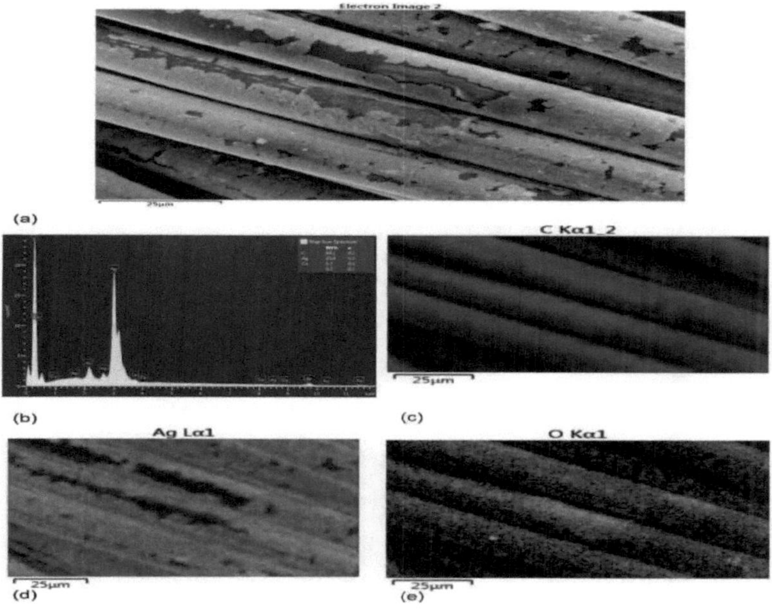

Figura 3.17 Imagem digitalizada de uma linha de transmissão com pontos lavados, com (b) mostrando a composição dos elementos, enquanto (c)-(e) cores representando a presença dos elementos [3.12]

3.3.5. Medições no corpo da linha de transmissão cosida

Com os recentes avanços nas comunicações vestíveis, a ideia de integrar antenas e sistemas de RF em vestuário usado por seres humanos para comunicação no corpo tem sido amplamente estudada, como se pode ver em [3.14] - [3.19].

A comunicação com o corpo refere-se a um sistema de comunicação em que um conjunto de dispositivos de comunicação vestíveis está situado dentro ou à volta do corpo humano [3.20]. Normalmente, as comunicações no corpo podem ser com ou sem fios, podendo incluir infravermelhos, cablagem incorporada e tecnologia Bluetooth.

No entanto, a maioria dos dispositivos portáteis utiliza o Bluetooth para comunicar, o que pode ser ineficiente devido à dificuldade de o sinal passar através do corpo do utilizador e pode causar um efeito chamado "perda de percurso", em que um sinal se deteriora à medida que viaja entre dois dispositivos portáteis, bem como causar preocupações de segurança devido à distância que o sinal percorre, sendo o utilizador suscetível de ser escutado [3,21]. A utilização de linhas de transmissão têxteis tende a atenuar algumas destas deficiências no transporte de sinais RF entre várias peças de sistemas de comunicação vestíveis e oferece um melhor posicionamento de um sistema de antena, uma vez que as antenas tendem a ter um melhor desempenho quando têm um amplo campo de visão do céu.

Uma vez que a linha de transmissão cosida foi concebida para ser usável, é necessário efetuar medições no corpo humano. Para o efeito, foi utilizada uma linha de transmissão cosida com um comprimento de ponto de *1,2 mm*. A Fig. 3.18 mostra a proximidade da linha de transmissão cosida ao corpo humano durante a medição, enquanto a Fig. 3.19 mostra a linha de transmissão cosida medida quando colocada muito perto do corpo humano. A linha de transmissão cosida foi achatada e colocada muito perto do peito esquerdo com uma camisa xadrez de 100% linho bastante folgada e uma camisola interior branca de 100% algodão. A espessura da camisa de linho e da camisola interior de algodão é de *1 mm* cada. A linha de transmissão cosida foi colocada a cerca de 5 mm do corpo.

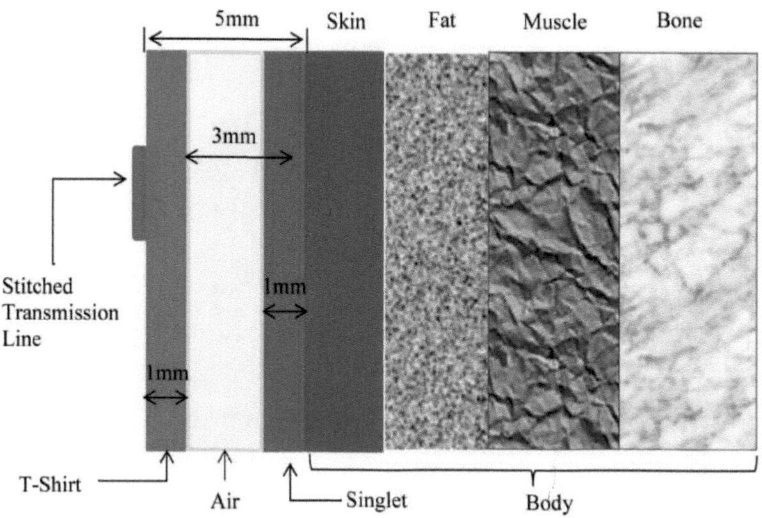

Figura 3.18 Diagrama esquemático da medição no corpo da linha de transmissão cosida, mostrando a sua proximidade do corpo humano

QUADRO 3.3 Propriedades dos tecidos humanos [3.22]

Tissue	Permittivity(ε_r)	Conductivity(Sm^{-1})	Loss Tangent	Density(Kgm^{-3})
Skin	31.29	5.0138	0.2835	1100
Fat	5.28	0.1	0.193982	1100
Muscle	52.79	1.705	0.24191	1060
Bone	12.661	3.8591	0.25244	1850

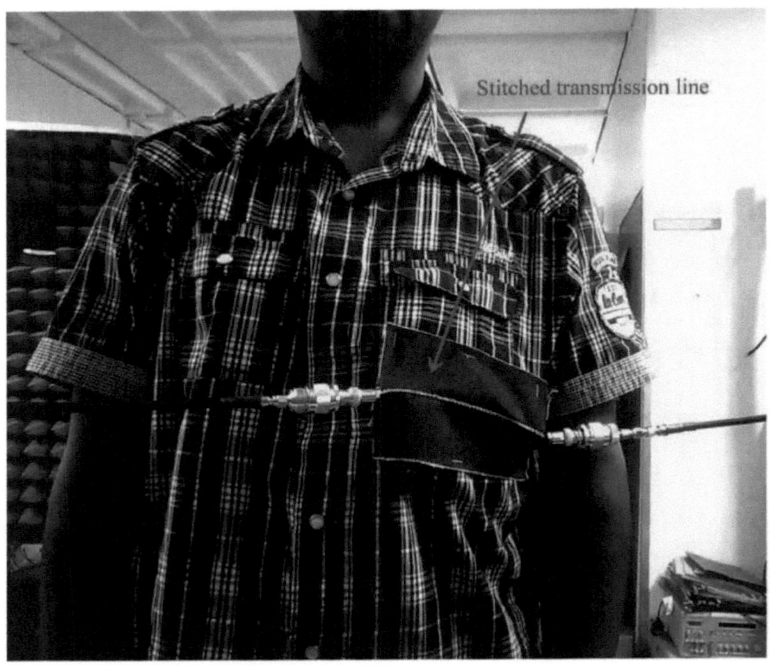

Figura 3.19 Medições no corpo da linha de transmissão cosida

O corpo humano pode ser considerado um condutor relativamente bom, pois pode conduzir eletricidade, sendo constituído por cerca de 80% de água salgada. No entanto, a pele humana, que faz parte do corpo humano, é diferente. A pele humana é um material com perdas e resistente ao fluxo de corrente, sendo a pele responsável por cerca de 99% da resistência do corpo humano ao fluxo de corrente eléctrica [3.23]. A resistividade e a permissividade da pele humana variam drasticamente de uma pessoa para outra e mesmo de uma única pessoa em diferentes estados físicos. O suor ou a gordura podem alterar as caraterísticas isolantes da pele. Do mesmo modo, é de esperar que a pele e as roupas usadas prejudiquem o desempenho da linha de transmissão cosida porque actuam como um dielétrico. Quanto mais próxima do corpo humano estiver a linha de transmissão cosida, maior será a sua perda; por conseguinte, deve ser apreciado o espaçamento entre a transmissão cosida e o corpo humano.

Foi efectuada uma comparação da medição da linha de transmissão cosida no corpo com os resultados da simulação, bem como no espaço livre, e os resultados obtidos são apresentados na Fig. 3.20. As caraterísticas de transmissão no corpo são melhores do que fora do corpo, embora tenham sido observadas algumas ondulações nos coeficientes de reflexão e transmissão medidos para as medições no corpo; isto pode ser atribuído à presença do vestuário usado e à distância da linha de transmissão à pele humana, enquanto as ondulações observadas se devem principalmente a reflexões múltiplas ao longo da linha, dando origem a ondulações de perda de inserção. De um modo geral, as medições efectuadas no corpo revelaram menores perdas em comparação com os resultados medidos fora do corpo, o que o torna um bom candidato para aplicações portáteis.

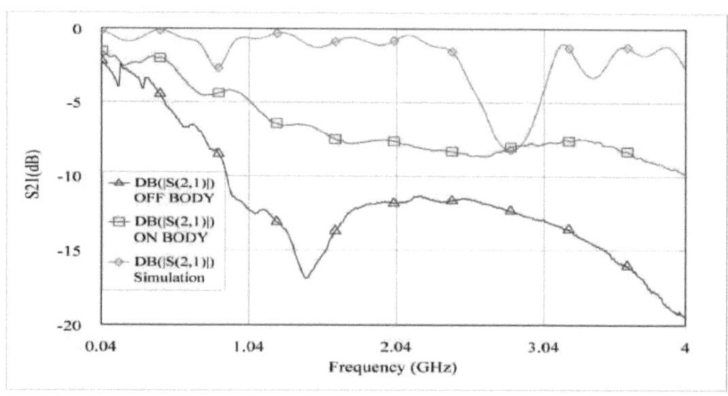

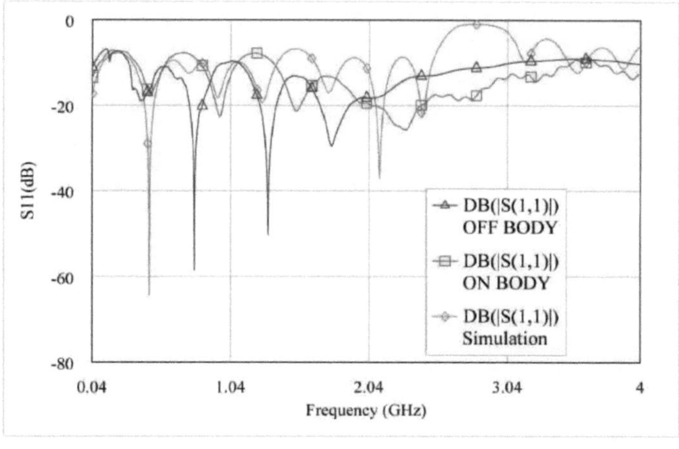

Figura 3.20 Medições fora e dentro do corpo na linha de transmissão cosida

55

3.3.6. Linha de transmissão cosida com diferentes substratos

Foram fabricadas duas linhas de transmissão cosidas com um comprimento de ponto de 2 mm com dois substratos diferentes, ganga e feltro, com uma permissividade relativa de $\varepsilon_r = 1,6$, tangente de perda 0,05 e permissividade relativa $\varepsilon_r = 1,38$, tangente de perda 0,023, respetivamente (ver Fig. 3.21). Os parâmetros de dispersão medidos são os indicados na Fig. 3.22, com resultados que indicam que ambos os materiais mantêm coeficientes de reflexão S_{11} inferiores a 10dB. Os coeficientes de transmissão correspondentes S_{21} são melhores do que *-12dB* para a ganga e *-10dB* para o feltro. Os resultados obtidos indicam que as perdas com o material Denim são um pouco maiores em comparação com o Feltro, que tem uma tangente de perda menor em comparação com o Denim. Estas perdas podem ser consideradas insignificantes, especialmente em frequências mais baixas. A partir destes resultados, é preferível utilizar o material Feltro como substrato para a transmissão por costura. Também é macio e tem uma superfície lisa em comparação com o material de ganga e é adequado para aplicações portáteis. No entanto, verificaram-se algumas dificuldades ao utilizar o feltro, uma vez que o ponto fica facilmente preso e o material de feltro fica enrugado ao coser a linha de transmissão cosida. Assim, o material de ganga foi preferido à ganga na construção da linha de transmissão cosida.

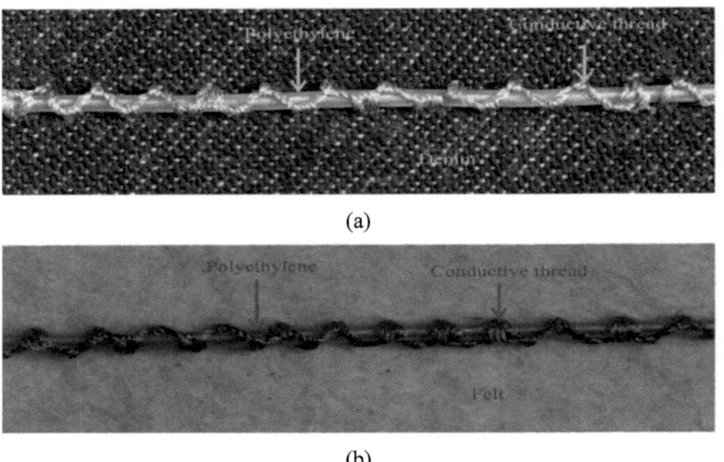

(a)

(b)

Figura 3.21 Linha de transmissão cosida com ganga e feltro utilizados como substratos

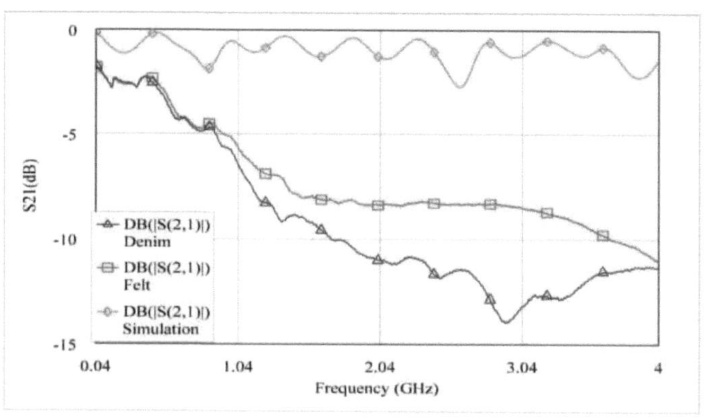

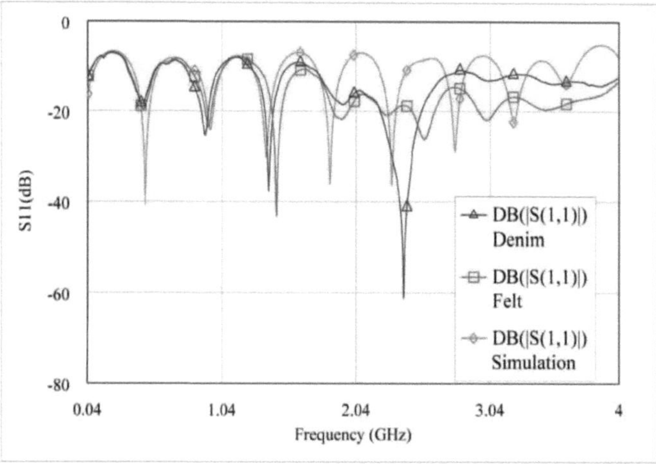

Figura 3.22 Comparação dos parâmetros S entre a ganga e o feltro utilizados como substratos

3.4. Resistência DC da linha de transmissão cosida

Propõe-se que o fluxo de corrente na blindagem da linha de transmissão cosida siga um traço em ziguezague de uma forma porpoise. No entanto, podem ser obtidos cruzamentos em diferentes pontos da blindagem. Para determinar a resistência DC da blindagem, foi proposto um modelo equivalente da blindagem, como se mostra nas Figuras 3.23-3.26 para N=1, 2, 3 . . . M, em que N representa o número total de pontos, e foi derivada uma equação para calcular a resistência CC da blindagem para qualquer número de pontos.

Para ângulos de ponto de 85°, 65° e 31°, R$^|$ = 0,5,0,4 e 0,25Ω enquanto R = 0,1Ω.

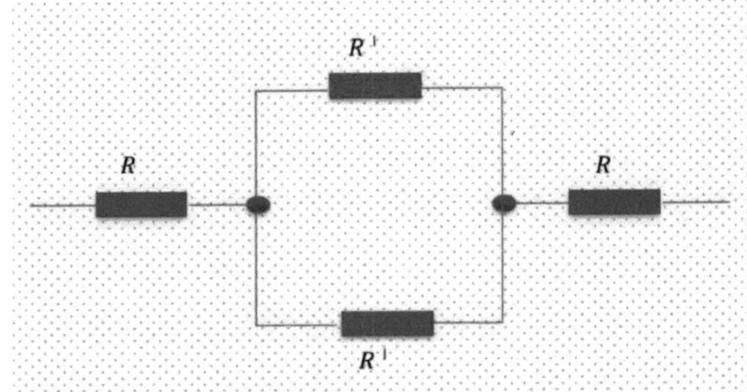

Figura 3.23 Modelo elétrico equivalente da linha de transmissão cosida (N=1) [3.24]

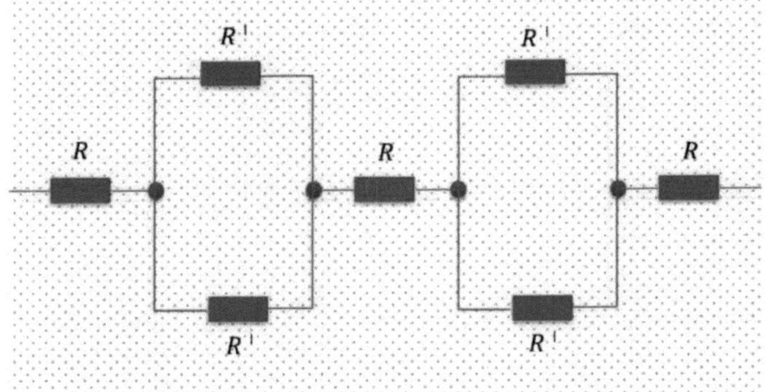

Figura 3.24 Modelo elétrico equivalente da linha de transmissão cosida (N=2) [3.24]

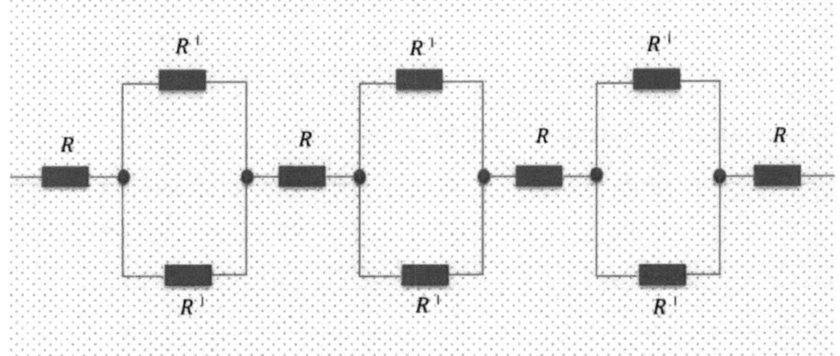

Figura 3.25 Modelo elétrico equivalente da linha de transmissão cosida (N=3) [3.24]

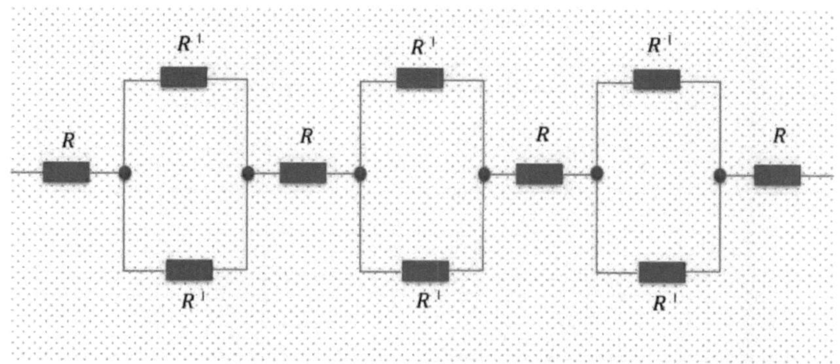

Figura 3.26 Modelo elétrico equivalente da linha de transmissão cosida (N=M) [3.24]

Para $N = 1$

$$R_1 = 2R + \frac{R^{\,|}}{2}$$

(3.1)

Para $N = 2$

$$R_1 = 3R + R^{\,|}$$

(3.2)

Para $N = 3$

$$R_1 = 4R + \frac{3}{2}R^{\,|}$$ (3.3)

Para $N = M$

$$R_M = [(M + 1)R] + \frac{M}{2}R^{\,|}$$ (3.4)

[3.24]

A Eq. (3.4) é uma equação generalizada para calcular a resistência DC da linha de transmissão com pontos para um determinado número de pontos.

TABELA 3.4 Resistência DC da blindagem da linha de transmissão cosida

Conductive Thread	Resistivity of coated material $(\Omega.mm)$	DC resistance of conductive thread (Ω/mm)	Stitch Angle (°)	Number of stitches	Pitch (mm)	Stitch Length (mm)	Computed DC resistance of the shield of the stitched transmission line (Ω)	Measured DC resistance of the shield of the stitched transmission line (Ω)
Light Stitches	Silver 1.59×10⁻⁸	0.04	85	60	2.76	1.69	21	14
			65	90	1.94	1.49	27	18
			31	162	1.38	1.23	37	27

A partir da Tabela 3.4, os resultados obtidos indicam um aumento da resistência CC da blindagem com a diminuição do ângulo dos pontos. Naturalmente, uma diminuição do ângulo dos pontos resulta num aumento do número de pontos. A divergência entre os resultados medidos e os resultados calculados pode ser atribuída a medições efectuadas com os conectores, à presença de resistência de chumbo e a ligações sujas.

REFERÊNCIA

[3.1]RG174 [Em linha]. [Acedido em: 12-fevereiro 2017]. Disponível em: http ://www. farnell.com/datasheets/1712694.pdf

[3.2]Z. Xu, T. Kaufmann, C. Fumeaux, "Wearable Textile Shielded Stripline for Broadband Operation," Microwave and Wireless Components Letters, IEEE, vol.24, no.8, pp.566-568, agosto de 2014.

[3.3]J. Wang e O. Fujiwara, "TDR Analysis of Electromagnetic Radiation from a Bend of Microstrip Line," IEICE Trans. Communication, vol. E88-B, NO.8, pp. 3207-3212, AGOSTO 2005

[3.4]J. Li, Yaojiang-Zhang, D. Liu, A. Bhobe, J. L. Drewniak e J. Fan, "Radiation Physics from Two-Wire Transmission Lines," 2015 IEEE Symposium on Electromagnetic Compatibility and Signal Integrity, Santa Clara, CA, pp. 160-164, 2015

[3.5]M. Chedid, I. Belov, e P. Leisner, "Experimental analysis and modelling of textile transmission line for wearable applications", International Journal of Clothing Science and Technology, Vol. 19 (1), pp. 59 - 71, 2007.

[3.6]V. Koncar, "Têxteis inteligentes e suas aplicações", Série Woodhead Publishing em têxteis: Série 178, pp. 67,2016

[3.7]Y. Atwa, N. Maheshwari, e I. A. Goldthorpe, "Silver nanowire coated threads for electrically conductive textiles", Journal of Materials Chemistry C, 3, pp. 3908-3912, 2015

[3.8] C. Zeagler, S. Gilliland, S. Audy e T. Starner, "Can I wash it? The effect of washing conductive materials used in making textile based wearable electronic interfaces", In Proceedings of the 17th annual international symposium on International symposium on wearable computers, pp. 143- 144,2013

[3.9] D. S. Gorjanc e V. Bukosek, "The Behaviour of Fabric with Elastane Yarn During Stretching," FIBRES & TEXTILES in Eastern Europe, Vol. 16, No. 3 (68), pp. 63-68, julho / setembro de 2008

[3.10] D. Cottet, J. Grzyb, T. Kirstein e G. Troster, "Electrical Characterisation of Textile Transmission Lines," IEEE Transaction on Advance Packaging, Vol. 26, N0. 2, pp. 182-190, maio de 2003

[3.11] M. Braunovic, V. V. Koncvhits e N. K. Myshikin, "Electrical Contacts, Fundamentals, Applications and Technology", CRC Press, pp.76-77, 2006

[3.12] I. H. Daniel, I. Umar, N. Kure, A. A. Kassimu, "Linha de transmissão costurada lavável para aplicações vestíveis", Jornal Internacional de Pesquisa Inovadora em Ciência, Engenharia e Tecnologia (IJIRSET), Vol. 6, Edição 8, pp. 15527 - 15533, 2017

[3.13] Q150R Revestimento por pulverização catódica com bomba rotativa/revestimento de carbono [Online]. [Acedido em 02-março 2017]. Disponível em: https://www.quorumtech.com/quorum-product/q150r-rotary- pumped-sputter-coatercarbon-coater

[3.14] K. Ito e N. Haga, "Wearable antennas for body-centric wireless communications", Conferência Internacional de 2010 sobre Aplicações do Eletromagnetismo e Prémios do Concurso de Inovação para Estudantes (AEM2C), Taipei, 2010, pp. 129-133, 2010

[3.15] C. Cibin, P. Leuchtmann, M. Gimersky, R. Vahldieck e S. Moscibroda, "A flexible wearable antenna," IEEE Antennas and Propagation Society Symposium, 2004, pp. 3589-3592 Vol.4, 2004

[3.16] N. Chahat, M. Zhadobov, L. Le Coq e R. Sauleau, "Wearable Endfire Textile Antenna for On-Body Communications at 60 GHz," em IEEE Antennas and Wireless Propagation Letters, vol. 11, pp. 799-802, 2012.

[3.17] G. Kaur, A. Kaur e A. Kaur, "Wearable Antennas for On- Body Communication Systems," International Journal of Engineering Science & Advanced Technology [IJESAT], Volume-4, Issue-6, pp. 568-575, Nov-Dez 2014

[3.18] Q. H. Abbasi, M. U. Rehman, X. Yang, A. Alomainy, K. Qaraqe e E. Serpedin, "Ultrawideband Band-Notched Flexible Antenna for Wearable Applications", em IEEE Antennas and Wireless Propagation Letters, vol. 12, pp. 1606-1609, 2013

[3.19] H. Lee, J. Tak e J. Choi, "Antena vestível integrada em boinas militares para sistema de posicionamento interior/exterior", em IEEE Antennas and Wireless Propagation Letters, vol. PP, n.º 99, pp.1-1, março de 2017

[3.20]   A. Reichman et al., "Body communications," in Pervasive Mobile & Ambient Wireless Communications, R. Verdone and A. Zanella, Eds. Londres, Reino Unido: Springer, pp. 609, 2012

[3.21] R. Daws, "Future wearables use your body to communicate" [Online]. [Acedido em 12-março-2017]. Disponível em: http://www.wearabletechnology-news.com/news/2015/sep/03/future-wearables-use-your-body- communicate/

[3.22] U. Ali, S. Ullah, J. Khan, M. Shafi, B. Kamal, A. Bashir, J. A. Flint e R. D. Seager, "Design and SAR Analysis of Wearable Antenna on Various Parts of Human Body, Using Conventional and Artificial Ground Planes," Journal of Electrical Engineering & Technology, 12(1), pp. 317-328, 2017

[3.23] R. M. Fish, L. A. Geddes, "Conduction of Electrical Current to and Through the Human Body: A Review", Eplasty 9, e44, pp. 407421, 2009

CAPÍTULO 4

Conclusão e trabalho futuro

4.1. Resumo

Este trabalho de investigação centrou-se no desenvolvimento de uma linha de transmissão cosida. O objetivo é utilizar a ideia de um cabo coaxial entrançado para desenvolver uma linha de transmissão vestível que possa transmitir sinais numa gama de frequências de 0,04 - *4,00 GHz*. As vantagens da utilização desta ideia incluem, mas não se limitam a, uma gama de frequências suficiente para suportar múltiplos canais, custos reduzidos, ruído e diafonia. O projeto e a simulação da linha de transmissão cosida foram realizados com o CST Microwave Studio Suite. Para fabricar a linha de transmissão cosida, o condutor interno e a camada isolada foram selecionados como RG 174, enquanto a blindagem cosida é composta por fios de cobre e fios condutores da Light Stiches®. Foi também fabricado um calcador modificado para ajudar a coser a linha de transmissão utilizando a Singer Talent™ 3321 nos materiais Felt e Denim sem perturbar o meio isolante tubular que envolve o condutor interno.

Foram realizados três projectos diferentes com três ângulos de ponto diferentes de 85°, 65° e 31° e foram efectuadas medições com o analisador de rede de alta frequência para frequências até 4GHz. Os parâmetros S extraídos indicam uma diminuição das perdas DC com um aumento do ângulo dos pontos, o que corresponde a uma diminuição do número de pontos a frequências mais baixas < *1GHz,* com algumas perdas por desfasamento. A perda por radiação diminui com a diminuição do ângulo dos pontos, o que corresponde a um aumento do número de pontos.

O desempenho da linha de transmissão cosida com três tipos de pontos diferentes, quando dobrada em ângulos curvos de 90° e 180°, quando colocada junto ao corpo humano, com dois substratos têxteis diferentes, ganga e feltro, e quando sujeita a ciclos de lavagem também foi investigado e os resultados apresentados.

4.2. Principais contributos

Os principais contributos desta investigação são:

63

- Modelação numérica da linha de transmissão cosida na gama de frequências de 0,04 - *4GHz*. A linha de transmissão cosida foi modelada como um cabo coaxial entrançado com duas hélices. A modelação numérica com CST foi efectuada com seis comprimentos de ponto diferentes: 1,69 mm, *1,49 mm, 1,23 mm, 2 mm, 3 mm* e 4 mm. Os três primeiros comprimentos de ponto de 1,69 mm, 1,49 mm e 1,23 mm correspondem a ângulos de ponto de 85°, 65° *e* 31°.

- Desenvolvimento de um novo calcador que se adapte ao requisito de utilização com o cabo coaxial RG174 na construção da linha de transmissão cosida. Na técnica proposta, o calcador da máquina de costura foi substituído por um calcador melhorado para ser utilizado exclusivamente com um cabo coaxial RG174 descarnado.

- Foi efectuada uma análise numérica da resistência CC de três comprimentos de ponto diferentes, 1,69 mm, 1,49 mm e 1,23 mm, correspondentes a ângulos de ponto de 85°, 65° *e* 31° da linha de transmissão cosida. Para o efeito, foi proposta uma representação DC da blindagem cosida e foi derivada uma relação matemática para calcular a resistência DC da linha de transmissão cosida para um determinado número de pontos. Isto pode ser utilizado para calcular a impedância de transferência da linha de transmissão de pontos a baixas frequências (< *1GHz*).

- Caracterização experimental da linha de transmissão vestível cosida. As medições do analisador de rede vetorial (VNA) da linha de transmissão cosida na gama de frequências de 0,04 - *4GHz* foram realizadas com seis comprimentos de ponto diferentes: 1,69 mm, 1,49 mm, 1,23 mm, 2 mm, 3 mm e 4 mm. Foram efectuadas as primeiras medições com três comprimentos de ponto diferentes de 1,69 mm, 1,49 mm e 1,23 mm, correspondentes a ângulos de ponto de 85°, 65° *e* 31°, seguidas de três medições diferentes com fios condutores cosidos juntamente com fios de cobre para três comprimentos de ponto diferentes de 2 mm, 3 mm e 4 mm, quando dobrados através de ângulos curvos de 90° *e* 180°, quando sujeitos a ciclos de lavagem, quando colocados no corpo humano e, por último, com dois substratos diferentes (ganga e feltro).

4.3. Aplicações industriais

Esta investigação demonstrou a viabilidade de fabricar uma nova linha de transmissão cosida com a ajuda de um novo calcador, utilizando qualquer máquina de costura. A flexibilidade e o peso reduzido deste dispositivo fazem dele um bom candidato para integração em vestuário.

A produção em grande escala da linha de transmissão cosida é viável, uma vez que o processo de fabrico é fácil e fiável, e o seu custo é menor, especialmente com a escolha da máquina de costura em vez da máquina de bordar. Os efeitos dos parâmetros de costura na linha de transmissão cosida foram avaliados e apresentados, o que também facilita à indústria a avaliação simultânea da relação custo/desempenho.

Por último, a linha de transmissão cosida não se limita apenas à tecnologia militar ou espacial, uma vez que as suas qualidades de utilização e o seu baixo custo a tornam adequada e acessível para utilizações civis.

4.4. Investigação futura

Esta investigação centra-se principalmente no fabrico de uma linha de transmissão cosida que possa transmitir sinais numa gama de frequências de 0,04 - *4GHz*, utilizando a ideia de um cabo coaxial entrançado. Com base na conclusão tirada e nas limitações do trabalho apresentado, as seguintes áreas e questões de investigação poderiam fornecer potencial e algumas progressões para o trabalho efectuado e merecem ser consideradas.

- Integração da linha de transmissão cosida com antenas. As linhas de transmissão vestíveis são utilizadas para transportar sinais RF entre vários equipamentos de comunicação e para ligar antenas a transmissores e receptores. A linha de transmissão cosida foi concebida para satisfazer este requisito e é importante ver até que ponto é adequada para este fim quando integrada numa antena.

• Graças às numerosas aberturas atribuídas à blindagem da linha de transmissão cosida, esta pode também ser utilizada como cabo radiante; tem a vantagem de poder transportar várias frequências numa única linha e de funcionar também como antena de banda larga. Assim, funciona como linha de transmissão e antena ao mesmo tempo.

• Linhas de transmissão cosidas com diferentes materiais e fios condutores. A linha de transmissão cosida pode ser desenvolvida com diferentes fios condutores e substratos. Da mesma forma, o trabalho posterior na linha lavada também pode ser efectuado em vários ciclos de lavagem, com diferentes substratos, fios condutores e utilizando lavagem a quente e a frio com diferentes tipos de detergentes.

• Finalmente, a laminação da linha de transmissão cosida é também outra perspetiva. Neste caso, propõe-se que a utilização de máquinas de laminagem para laminar a linha possa ajudar a reduzir a saída e a entrada de sinais.

Printed by Books on Demand GmbH, Norderstedt / Germany